聽松文庫
tingsong LAB

为了人与书的相遇

ANTI OBJECT | Kengo Kuma

撕碎建筑的硬壳

[日] 隈研吾
Kuma Kengo

广西师范大学出版社
· 桂林 ·

目录

新版序

隈研吾

那时，我写这本书的目的是批判建筑。

第一章节论述的是关于我所设计的“水／玻璃”和既存的德国建筑师布鲁诺·陶特设计的“日向邸”之间的关系。这个由布鲁诺·陶特设计的民宅建筑物对我很有影响。

从第二章开始，主要论述的是内和外的关系。“水／玻璃”利用玻璃的透明特性，将建筑物融入作为背景的海景当中。“龟老山展望台”则将建筑主体在建成后埋回山体中，而使突兀的建筑块体消失于自然山体中。“森林舞台”去掉建筑主体所有的墙板，使之开放于庭院，无分内外。“村井美术馆”利用了旧木材，从而使水泥空间产生了不可想象的温暖的新样子。在“莲屋”那件作品中，我第一次以“粒子化”这个词定义了我的“格栅式设计”手法，并论述了如何用它来消除建筑的沉重感。

这本书记录了我在那个时期对造型性建筑块体的反抗，在反抗和批判的同时，展现了自己的特点，也显示了自己的决心。

这本书，可以说是我作为一个建筑师的宣言。

序

隈研吾

建筑，原本就背负着不得不从环境中凸显自己的可悲命运。可以说，这是一种被迫从环境中割裂出来的宿命。在有些人看来，体积如此巨大的物体拔地而起，当然是一种割裂。然而，我的看法恰恰相反。我在想，这种所谓的宿命难道是不可颠覆的吗？如何才能将这个冒出来的新空间与周围的环境连接起来呢？不能让它融入到环境中去吗？不能让它和环境融为一体吗？我相信，这样的思考绝不会是徒劳的。

我跟 20 世纪的建筑师们的想法恰恰相反。他们想要让原本就背负着凸显自我这一宿命的建筑体块与周围的环境形成更加鲜明的对比。他们追求的是加剧这种对比，让建筑与环境间的割裂更加明确。不少建筑家靠着割裂这一耀眼的光环一夜成名。20 世纪就是这样的一个时代。其中，被称为巨匠的两位建筑师——柯布西耶与密斯·凡·德罗，正是最典型的代表人物。柯布西耶为了将建筑与地面清楚地割裂开来，发明了“底层架空”的手法。所谓“底层架空”，就是在房屋底层采用独立支柱。其中，萨伏伊别墅［1931］就是最好的例子。采用细细的支柱将白色的房屋整体与地面割裂开来的手法，让很多人都为之惊叹。然而，当我亲眼看到这个被称为 20 世纪最杰出的住宅建筑时，我完全理解了为什么后来这所房屋的居住者会控告柯布西耶。住户是个热爱普通生活，热爱大地的普通人。柯布西耶则主张，房屋之上的庭园才是现代建筑的重要元素，于是采用“底层架空”的手法在二楼建造了个庭园。孩子们被迫离开了周围美丽的树林与草地，只能束缚在用钢筋混凝土造成的封闭小庭园里玩耍。柯布西耶给出的牵强解释是周围草地的湿气太重，所以将庭园抬高到了二楼。草地如此繁茂舒适，让人不知不觉地就想躺上去。柯布西耶却偏偏要将这白色建筑与大地割裂，舍弃那片柔软的草地。

另一位现代建筑巨匠密斯·凡·德罗的建筑也大同小异。他没有使用柯布西耶的“底层架空”方法，而是利用底座将建筑从大地割裂出来。巴塞罗那世博会德国馆［1929］的底座就是他最成功的代表作。整个建筑庄严地矗立在一块罗马产白色大理石制成的高约 1 米的底座之上。它就犹如台座上的一座雕塑，矗立在世博会众多建筑之中。想必密斯是计划好了的，会馆因这块底座而从众建筑中分裂出来，标新立异，有如来自异世界的奇异建筑，被神圣地区别出来。当然，这样的建筑自然就从巴塞罗那这块红色的大地中割裂了出来，也远离了世博会喧嚣的会场。割裂，才是密斯最渴望的。而且，这种通过底座达到割裂效果的手法，自古就存在于欧洲的传统建筑中。比如说雅典卫城的神殿。正因为根根柱子都肃穆地矗立在用石块堆砌起的底座之上，神殿才被赋予了神圣的感觉，从凡尘俗世中割裂出来。而且，卫城本身就位于雅典的小高丘之上，山丘自身变成了一个天然的底座。再加上位于其上的人工底座，双重底座让神殿显得更为独特。而且在欧洲，不是只有宗教建筑才会使用这样的手法。在以希腊—罗马建筑为渊源的古典主义建筑中，底座作为一种基本手法，在将各种建筑从它所处的环境里分割出来的过程中起到了极大的作用。可以说，密斯、柯布西耶都是这种传统门派的嫡系子弟。雷姆·库哈斯则将这种割裂演绎得更为到位。柯布西耶也好，密斯也好，都是想通过割裂来凸显自己的建筑，让其成为一个特别的存在。从这点来看，他们的罪过还算不大，或者说想法还算单纯吧。而雷姆·库哈斯则是把割裂本身作为表现的中心，把环境因割裂而产生的疮口作为自己的建筑表现的中心对象。这就暴露出欧洲建筑中割裂行为之本质已经达到了何种地步。通常的摩天大楼已经充分从大地割裂出来了，然而库哈斯还不满足，他让摩天大楼进一步在空中产生巨大的变形，让过去人们从未见过的惨烈的割裂出现在大地上。那就是被扭曲的 CCTV 摩天大楼。如果将这种暴露视作一种批判性行为的话，那么他所进行的可谓是极致的欧洲批判了吧。

为何柯布西耶、密斯都如此重视割裂呢？这跟 20 世纪的社会体系有着深远的关系。从20世纪开始，建筑才成为一种可以用来买卖的商品。当然，过去建筑也是可以买卖的，但那只是发生在特权阶级之间的特例，只能算是一种礼仪。

然而，进入20世纪以后，一切都改变了。让所有的人都拥有土地、拥有自己的家，成为整个社会的目的。20世纪的政府宣称这才是民主主义。发明这一社会制度的是美国。美国的政治家们洞察到，人人都拥有自己的私人住宅，将会极大地促进经济的发展，有助于社会的稳定。于是，他们开始不断促进城市周边的住宅用地开发，并利用住宅贷款制度给希望拥有私宅的民众以金融援助。美国政治家们的直觉告诉他们，为了能够拥有私宅，人民的劳动欲望将会提高，工作起来将会更卖力，同时在政治上民众将趋于保守，社会的稳定也就有了保障。

以解决“一战”后的住宅问题为契机而开始实行的房产政策给20世纪的美国带来了巨大的繁荣。可以说，帮助美国赶超并凌驾欧洲的正是这个房产政策。

这个新的房产政策催生出被称作“郊区”的新场所，而来往于郊区与市中心，汽车又成为不可或缺的交通工具。郊区、汽车、自己的房产、装饰自己家的电器产品——这一切，支撑着20世纪的美国文明。

如此一来，房产也就必须是可以买卖的商品了。美国制度的基本思路就是只有可以自由买卖的商品，才具有永久的价值。在他们看来，到死都得住着，不能买卖的家，其价值是在递减的，不过是沦为了用来保障自己人生的道具。无法脱离大地，跟随大地一起慢慢腐朽的房子本身是没有价值的。

正因为如此，住宅才开始模仿商品。就跟在百货商场出售的商品一样，住宅得是一个没有个性的、具有普遍性的盒子，可以搬到任何地方，可以被任何人喜爱。像冰箱、洗衣机一样的房子才是理想的。柯布西耶与密斯都敏锐地嗅到了一个时代的欲望所在，所以才大胆地将建筑从大地割裂出来，甚至是过分地割裂，企图通过割裂来创造住宅的美。雷姆·库哈斯则将这种割裂进行得更为彻底，将割裂带来的伤害本身作为了建筑的主题。然而，这样的体系已经露出破绽。次贷危机的出现将这个体系的破绽摆到了人们眼前。而事实上，早在次贷危机发生之前，这个破绽就已经存在。我们不能像对待商品一样对待一个家。家既不是冰箱，也不是洗衣机。

我想做的是颠覆 20 世纪发明出来的这个体系，这也是我从事建筑设计的目的。家不是用来买卖的东西，它是用来居住、生活的。如果自己没有要在这个家里跟房子一起老朽、死亡的意识，那就不能算是在这个家里居住过。不仅仅是家，其他建筑也是如此。那是与大地紧密联系在一起，有着移都移不动的分量，不忍轻易转让给他人的东西。它是与住在那里的人们的生活哲学及人生紧密联系着的。

这才是建筑的原点。无法与大地割裂开的，才是建筑。我重视的是回到那块大地，重新审视建筑；回到那块大地，再一次将建筑与大地连接起来。本书的目的在于颠覆欧洲建筑从希腊—罗马时代沿袭下来的割裂手法。暴露从而颠覆，实践这种颠覆，以此告诉人们我们还有别的选择，这就是本书的目的。

第一章

连接 日向邸

真是不可思议的邂逅。我不曾料到会在热海的悬崖上，下临太平洋，与“那个人”相遇。

那是缘起于一项设计委托。委托方想要在热海的东山上，建一座小型的旅馆。一张基地方位图刚拿到手里的时候，我也未曾想过会与“那个人”不期而遇。那天很热。出了热海车站，向伊豆山的方向稍稍折回，面海而行，沿着狭窄的坡路攀登约十分钟，就来到了名叫“东山”的小山上，这就是项目所在地了。基地面积有四百坪［1坪≈3.305785平方米］左右，我四处转了转，从各个角度观察前面的海和后面的山。之后，因为施工可能会给邻家带来干扰，我先去拜访了一下，打了个招呼。这一带原本是热海最早被开发的区域，我去拜访的这家的住宅也有着典型的昭和初期的风貌。花木精洁，以松树为主，小巧的两层木结构建筑掩映其间，尺度上恰到好处，很协调。在这所房子里我遇见了“那个人”——布鲁诺·陶特［Bruno Taut，1880—1938，德国建筑师，被认为是表现主义建筑的代表。代表作有在德意志制造联盟展上的“玻璃之家”。此后在魏玛共和国时期设计了多处集合住宅。之后游历日本、土耳其，在土耳其去世］留下的踪迹。

这是一所不起眼的小型住宅。让人不太可能将它与世界级的建筑大师联系起来。但是，这栋住宅，正是出自布鲁诺·陶特之手的“日向邸”［图 14］。1933 年至 1936 年的三年中，他曾旅居日本。这期间，他参与过的设计仅有两件。其中的“日向邸”是他的得意之作。另一件名为“大仓邸”的住宅，是陶特在设计方案敲定后，以监修者身份参与的。结果并不令他满意。

关于“日向邸”，也有一种奇妙的传言，据说“日向邸”的房屋，在陶特接受设计委托之前就已经存在了。白色喷浆处理的外墙，山形青瓦的屋顶，貌不惊人的木结构部分，早在陶特接手之前就已存在。这栋住宅的前方，向着海边陡坡伸出一个草坪庭园，算是一种空中花园吧。业主日向氏想利用支撑这个庭园的混凝土梁柱在庭园下面加建一个地下室。而这个地下室的设计，就交给了当时暂居日本的陶特。

业主只是想加建一个小小的地下室，也就是想找人做一下室内设计吧。这本来不是设计大师的工作，一般的木匠就能胜任。虽说是地下室，因为处在突出于斜面的庭园之下，所以窗户还是有的，也能得到外部的采光。但是，在外观及建筑形态上已经没有发挥余地了。混凝土的建筑躯体已经存在，建筑的外观也已成形。作为现代建筑巨匠，早已誉满全球的陶特竟会接受这样的委托，实在出人意料。

但是，陶特接受了。他欣然接受，并且对最终的成果十分满意、信心十足。他还特地给在柏林时的老朋友写了信［1936年6月寄给当时暂居伊斯坦布尔的柏林市建筑监督官马尔坦·瓦格纳的书简］，抒发了对自己杰作的自豪之情。从作品规模、委托条件来看，与他的信心实在是不相称。那么，这样的信心到底来自哪里呢？

要解答这个疑问，首先不得不考虑一个大命题——到底什么是建筑？通常一提到建筑，人们总认为那是一个对象实体，是从周围环境中独立出来、割裂开来的一个独立的物体。建筑一直就是作为实体为人所知的，建筑师也是一样。美的建筑也就等同于美的实体，优秀的建筑师也就是有能力设计出美好的实体的建筑师，人们通常是这样认为的。

但是当时的陶特对这样的观点是抱有疑问的。他对建筑有这样一种理解，即建筑不是一个实体，而是一种关联性。他讨厌被割裂的建筑实体。因此，他对日向邸的地下室设计之类的工作也抱有兴趣。日向邸的地下室以几乎被埋没的方式与既有的环境紧密联系在一起，不曾被孤立或割裂。在这种条件下，建筑不可能成为一个独立的实体，可以说就是环境的寄生物了。但也正因此，日向邸可以成为表现环境与建筑的关联性的不可多得的实验场所。陶特在此进行了若干实验，也取得了一些让自己满意的结果。

当然陶特也并非从建筑师生涯的一开始就本着这样的认识做建筑，他也是走过了很多的弯路才到达这里的。在他思考的变化中，起到决定性作用的事件无疑还是他那经常被人们提起的桂离宫体验。不过，在谈论这一著名“事件”之前，我想应该回到造成他最终厌弃造型体的思考原点进行一番考量。我们可以发现，其实他的内心原本就盘踞着一种分裂。正是这种分裂将他从建筑实体身边拉开，培养了他对造型体的厌恶感。

陶特是从分裂起家的建筑师，并且，对于自身内部深藏的分裂，他明确地意识到其不可调和性。他的分裂，同时也是时代分裂的投影。那是什么样的分裂呢？

1938 年 6 月，他在土耳其举办了回顾展。同年 12 月，他在土耳其突然去世。因此也就是在去世前半年，陶特对自己的少年时代作了这样的回顾：

“影响我建筑师生涯的有两种倾向：费舍尔教授［Theodor Fischer，斯图加特理工大学教授，1904 年至 1908 年间，陶特在其事务所工作］给的小型哥特式教堂的修复工作，以及制钢厂涡轮机馆的工程。从中表现出了两个倾向：与古老建筑传统的契合，以及现代产业课题的建筑性解决。这两个倾向，在我刚步入少年时代的时候就形成了。我曾就读的柯尼斯堡文科高等学校校园，处于古老的哥特式教堂、百年前康德任教的古老的大学校舍，以及安放有这位伟大哲学家之墓的礼拜堂建筑的包围之中。每到康德的忌日，我们这些年轻人总要诵读那罕见的金色碑文：‘闪耀在我头顶上方的星空，以及我内心的道德准则……’从我最早期的作品到今天的展示，这迥异的两个倾向在我年轻时，一个发展成了浪漫主义，另一个在钢铁、钢筋混凝土还有玻璃横行，掺杂着强烈色彩的建筑时期，为建筑提供了两三个在当时引起轰动的解决方案。”[布鲁诺·陶特，《(续）建筑是什么》(一次发言)]

陶特对康德抱有超出同乡关系的亲近感，他甚至曾想把通过建筑来实践康德的哲学作为毕生奋斗的目标。自己内部盘踞着分裂，在康德身上，陶特看到了与自己同样性质的分裂。于是，陶特就一头扎进了康德里。分裂意识根植于康德的哲学思想，他固执地在一切事物中找出分裂，又不肯轻易地导入预定和谐。在这一点上，他与前代的笛卡尔不同，与后继的黑格尔也有严格的区分。康德认为，事物本身与主观是分裂的，而世界分裂为感觉界［现象界］与睿智界［本体界］。

陶特在主观的浪漫主义、幻想主义与客观的现实主义、技术主义之间，感觉到自己是分裂的或是被撕裂的。康德肯定会说，这种分裂的根基就是主体［Subject］和客体［Object］之间存在的决定性分裂。那并不是加诸康德、陶特等特定的个人身上的分裂，而是名为“现代”的这一时代全体所背负的巨大分裂。

但是实际上，分裂并不是现代的新产物。一般认为，在古典主义世界观的支配下，主体与客体的分裂是不存在的。古典主义的世界，有着严密秩序的客体集合体，这被认为是与主体毫无关联而存在着的客观世界。可是，早在成就了古典主义建筑复兴的文艺复兴时期，这一分裂就已经开始让建筑师们伤脑筋了。文艺复兴时代被称为透视构图法的时代。事实上，这个时代的建筑师全都为透视构图法所吸引。但是仔细想想，在所谓的透视构图法中，已经包含了不可调和的内在矛盾。一般认为，透视构图法是数学式的构图法，是几何学构成进行严密推导的方法，是与古典主义世界相称的表现方法。试图利用几何学来对建筑进行控制，这种古典主义的思考方法与透视构图法如出一辙。但是，透视构图法其实就是向空间中代入一个极为主观、个人化的特殊视点。这个视点被投入空间的瞬间，意识与客体的分裂就暴露无遗，古典主义世界的客观性也就灰飞烟灭。比如说，这一分裂会通过透视构图法所描绘出来的空间，与主体实际体验到的空间之间的差异暴露出来。在画面的中心位置，这种差异很小，几乎可以被忽略。但是在画面的周边，这种差异就体现为图像的巨大扭曲。而当主体在空间中移动，视线也开始移动，透视构图法营造出的静态空间认识就基本瓦解了。对三维空间的认知就是这么困难。真想要消除主体与客体间的分裂，就只能像阿尔伯蒂［Leon Battista Alberti，1404—1472，意大利文艺复兴时期的建筑师和建筑理论家，他的《论建筑》是文艺复兴时期第一部完整的建筑理论著作］曾大胆尝试过的那样，将建筑做得轻薄如舞台背景般了。只有在与那种没有进深的、平面的二维式建筑的正面相对的时候，主体才会将分裂忘却，建筑也才得以伪造出客观性。

可以说，主体与客体的分裂，是令过去所有建筑师头疼的课题。而以这种分裂为动力，建筑样式开始了“单摆运动”般的变化。某一时期偏向客体与客观性，另一时期又偏向主体与主观性。

文艺复兴就是建筑偏向客体的时代。那时几何学受到重视，建筑被认为应该是严密而透明的构筑体。建筑是按照数学性的比例来进行设计的。但是，在这个构筑体的内部，一旦代入了认知空间的主体，其严密的构成就立即瓦解了。也就是说，只有以高高在上的神的视点俯瞰建筑的时候，才有可能产生一种错觉，即严密的构成、比例、客观性是存在的。从视点下降到地面上的那一刻起，所有的几何学都失效了。以地面上的、人的视点为前提，怎样有效地实现建筑的歪曲和变形成了设计的目的所在。建筑开始向主观谄媚。于是，文艺复兴苦心造就的透明构筑体，最终幻化成了充满夸张与变形的扭曲之物，也就是巴洛克。决定设计的不再是几何学，而是视觉效果的要求；更具视觉效果的椭圆则取代了古典主义所青睐的“严密形态”——圆或球，成为空间形态上的主旋律。

巴洛克是重视地面上的视点、建筑设计偏向主体感受的时代。但是，立足地面视点无限度地融合各种形态的现象，很快受到了新古典主义的猛烈批判。新古典主义是重新回到客体、偏重客观性的样式。但新古典主义并不单纯是古典主义的卷土重来。新古典主义建筑，是独立于自然之中的客体。例如，作为对巴洛克建筑的代表凡尔赛宫这一宏大的扭曲形态的批判，新古典主义建筑的代表作——小特里阿侬［Petit Trianon］［图 1］这一纯粹形态的建筑，被建在了凡尔赛宫庭园的自然之中。新古典主义通常都会选择这样一种“旁观”的立场，设想主体是从一定距离之外对客体进行观察。此时，主体与客体之间已经被距离隔开。有了距离的介入，就不会出现因透视构图法导致的扭曲问题。新古典主义就是用这种方式去解决主体与客体之间的分裂问题。正因此，新古典主义的室内装饰是完全没有古典主义气息的。在室内装饰的问题上，主体与客体之间无法确保距离，因此新古典主义的解决方法就会失效，新古典主义建筑师们是深知此理的。他们在室内装饰上放弃了几何学，采用沉静、非构造性装饰堆积出的洛可可样式。

这个解决方法，与笛卡尔的哲学解决异曲同工。笛卡尔并非单纯地对古典主义的世界观进行哲学化。他还预见到了分裂。因此他才以物质精神二元论的形式将物质与精神分离，主张物体是独立于精神之外而存在的。从这个意义上来说，他的解决方法丝毫不属于“古典主义”，是属于新古典主义的。

对这个新古典主义式的解决方式最先存疑的，是以休谟［David

小特里阿侬　加布里埃尔［Ange - Jacques Gabriel］设计　1764 年

Hume]、洛克 [John Locke] 为代表的英国经验论者，相应在设计领域出现的就是英国风景式庭园。英国的风景式庭园从亚洲的庭园汲取了许多元素，这并非出自偶然。亚洲庭园的原理不是古典主义，是经验主义。两者都是重新回到主体一边，试图消除分裂的方法论，是想凭借主观经验而不是客观方法来重新构架世界的尝试。英国风景式庭园是作为对法国几何式庭园的批判出现的。几何式庭园，试图将庭园也还原为客体 [Object]，因此连植物也被修剪成几何形状，成为一个造型体。可是，庭园本身是不适合被造型的。植物、土壤这样的东西不适合被造型，因而庭园原则上也是不适合被造型的。建筑可以作为一个独立的造型从地面割裂出来，自成一体。而庭园在本质上是一个连续体，就是地面本身，把它当作一个造型体来设计本来就是牵强的。

因此经验主义的设计手法并非来自建筑领域，而是在庭园设计中萌芽的。担当此任的也并非建筑师，而是被称为园艺师的“新人类”。因为建筑师在任何时代总难幸免于造型优先的思维方式的毒害，所以风景式庭园的创始，就只能仰赖未尝受此毒害的“新人类”了。

他们摈弃了由单一的几何学支配一切的几何式庭园，他们的庭园设计，是把多个性质相异的体验，用时间锁链穿连在一起。体验间的相互矛盾并不是个问题。在他们设计的庭园里，有的地方有欧洲中世纪风格的石头房子，有的地方又造了中国风格的宝塔 [图 2]。俯瞰时相互矛盾的各个断片，被一条通道强行连接起来。主体就沿着这条通

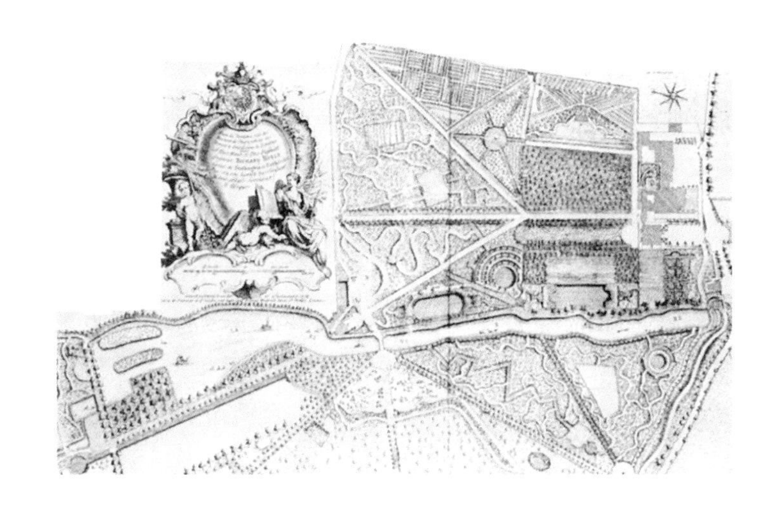

齐斯克之屋［Chiswick House］的庭园　威廉·肯特［William Kent，1685—1748］设计　1736年
齐斯克之屋为主人的官邸，位于庭园右侧。威廉·肯特被世人称为风景式庭园的创始人。

道在庭园里回游。在某一个瞬间，主体只能体验到诸多断片中的一个。这就是人这种生物被赋予的先天条件。因此，不论那些断片如何纷繁复杂，却并不存在任何矛盾。经验主义就是这样一种立场，风景式庭园就是这种思维方式的物象化体现。

对这样的经验论式的批判有了充分的了解，进而又诞生的对这种批判方法进行批判的理论，就是康德的批判哲学。康德的基本观点是，客观存在［物体本身，或者说对象物］虽然是存在的，但却是不能被主体正确认知的。他认为这其中，认知并非是因人而异、恣意而成的，认知的方法中也存在着一种普遍的形式性。在形式性的存在与否这一点上，康德与英国的经验论是划清界限的。陶特所熟谙的康德的墓志铭中的那句“闪耀我头顶上方的星空，以及我内心的道德准则”，就是说康德深信，认知的普遍形式［星空］，在个人之中会以道德准则的形式被内化、被共有。

在此，康德批判了古典主义，同时与英国的经验论也作了决裂。康德认为，回游在风景式庭园中，主体并不会在性质各异的各个局部的体验中安然自处，主体会以某种形式对所有这些局部的总和，对使这些多样性得以成立的一个整体加以认识和定义。人类的精神绝不会满足于眼前表层的体验，一定会深入内部去寻找具有普遍性的整体的存在。所有的经验主义、相对主义，都只是勉强建立在对普遍性的认识形式的盲目依赖上。通过对这一点的证明，康德批判并超越了经验主义和相对主义。

相对主义的背后，定然隐藏着随意而平庸的整体性。在一眼看去掺杂着性质迥异的世界的风景式庭园里，占据其中心位置的，还是依新古典主义样式建造的主人的馆邸。这一极为保守的馆邸的设计，正是康德所说的“随意的整体性”的象征。那些被称为新古典主义杰作的有格调的馆邸，一定会被安置在风景式庭园的中心，发挥着统领整体的作用。庭园的主人［主体］，即便安居于古典的世界［新古典主义的馆邸］，或者说正因为一直安居于此，也［才］得以经验主义般地享受着多样的相对世界。从这个意义上来说，风景式庭园可以说是一种殖民地气质的事物。在这里，殖民主义世界观、欧洲中心主义通过庭园这种媒介得以实现。康德批判的正是存在于经验主义之中的殖民主义。在表层的经验主义和相对主义的背后，潜藏着对古典主义的满足。康德对这种潜在的对主体与客体的分裂视而不见、麻木不仁的态度进行了批判，这也是对欧洲中心主义的批判。而这一批判形式，无疑是从康德从不走出柯尼斯堡的小世界，彻底反殖民主义的生活方式中产生的。

康德的尝试，确立了一个对古典主义和经验论两者的世界观同时进行批判的立场。我感到这一立场即使在今天仍是有效的。康德首先认为主体与客体，也就是意识与物质基本上是分裂的，是认知形式的普遍性维系着分裂。可是，这个认知形式，果真是人类共通的、具有普遍性的吗？康德肯定这种东西的存在，而这种“肯定”又使他自身内部产生了分裂。另一方面，经验主义是否定、无视这种存在的，因此得以回避“分裂”这个问题。

普遍性的认知形式到底是否存在？

这一疑问，跟后面关于空间的问题属于同一类型。风景式庭园中罗列的相对主义的景观，由位于中央的新古典主义馆邸维系在一起。可是，这个新古典主义，乃至作为其原型的古典主义，究竟能否称作全人类共通的普遍形式呢？是否只有在古希腊、古罗马这些有限的世界里，或者说仅仅在以古典再生为目的的文艺复兴时代之后的西欧社会里，古典主义才有可能伪装出普遍性？对于这样的设问，试图从正面加以回答的就是以黑格尔为代表的德国的观念论。观念论的目的是追究认知的形式性。当时，有两个陷阱在等着观念论。一个是政治的陷阱。要论述认知形式的普遍性，最为简单的结论就是：一个共同体就有一个与之对应的认知形式。仅限于一个共同体的内部，认知形式是存在普遍性的。如果以此为前提，想要进一步追求认知形式的普遍性，就需要有特定共同体的扩张，也就是侵略。从这个意义上来说，侵略战争可以说是以黑格尔为中心的德国观念论在现实世界的简单投影。

观念论的另一个陷阱是会萌生轻视物质的思想。如果把物质与认知的背离，即客体与主体的分裂看作问题的话，只有不把物质看作媒介的认知，才算得上是排除了此种背离的纯粹的认知。因此，在黑格尔看来，建筑由于大量使用物质因而属于低级的艺术，少用物质的音乐、诗歌则是高级的艺术。

支配 19 世纪的是观念论，与此同时，19 世纪又是经验科学的时代。一方面，有着观念论的彻底的物质轻视；另一方面，经验科学在物质世界中取得了前所未有的丰硕成果。因为研究对象被严格限定在物质世界的范围里，人们得以极大地深入物质世界，它的奥秘也就不断被层层揭开。这完全是时代本身有了决定性的分裂，接着观念论、哲学开始不能忍受这样的分裂了。观念论的物质轻视不久就受到了经验科学阵营的嘲笑，从而使观念论不得不去应对这种嘲笑。哲学方面有了新康德主义［19 世纪后半叶开始产生于德国，一个时期曾在哲学上自成一派，一般认为是由李普曼在 1865 年提出“回归康德”的口号后开始的。第一次世界大战后，随着存在主义倾向的哲学的兴盛而急速衰落］，而建筑方面则有布鲁诺·陶特，他以回应经验科学对观念论的批判的形式出现在历史舞台上。

不论新康德主义，还是布鲁诺·陶特，其目的都是要在立足于经验科学手法的基础之上，重新构架物质与意识之间的桥梁。新康德主义援用感觉生理学及心理学中的经验科学的手法，试图再次寻求物质及意识间的关联性。另一方面，布鲁诺·陶特运用新技术——作为经验科学成果的新建筑技术，试图做出能给人类的意识带来前所未有的强烈想象的建筑。19 世纪经验科学手法的兴盛给建筑界带来了种种新技术、新素材。但是，这些技术几乎都未能与新的空间体验相牵手。钢架结构已使大跨度桥梁的建造成为可能，但是运用这种技术来制造新的空间体验和催生丰富幻想的尝试者却并未出现。技术人员的兴趣仅限定在技术框架之内，而在既有的学院教育及资格制度的保护下，建筑师对于新技术是概不关心的。也就是说因技术提升而得到进化的物质与意识之间没有人来牵线搭桥。陶特对这种状况进行了批判，他尝试通过运用新技术以获得前所未有的强烈幻想。陶特早在自己建筑师生涯的初始，就意识到自身内部同时存在着朝向技术［物质］和朝向幻想［意识］的双重指向性。他曾将此看作是自己个人内部的分裂，其实分裂的应该是那个时代。19 世纪丧失了把技术与意识接合起来的手段。一个人，如果同时萌发了对两个领域的兴趣，那就不得不形成悲剧性的分裂了。

陶特明白，建筑——一种具体的奇迹的出现，是消除这个分裂的唯一途径。他最早创造出的奇迹是 1914 年德意志制造联盟科隆博览会上，作为玻璃工业行会展馆的“玻璃之家”［Glass Pavilion］［图 3］。回溯三年前，同样被称为现代建筑巨匠的沃尔特·格罗皮乌斯［Walter Gropius，1883—1969，德国建筑师，现代建筑的先驱之一。1919—1928 年任包豪斯的校长，1937 年作为哈佛大学教授赴美，成为在美国普及现代建筑的中心人物］，同样运用大量的玻璃设计了“法古斯工厂”［Fagus Factory］［图 4］。两者不约而同地以玻璃这种新技术的产物为材料，但给人的印象却截然不同。一般来说，“法古斯”是立足于现代技术成果的正统现代建筑，而“玻璃之家”则被认为是有 19 世纪余韵的作品。不过，陶特的目

玻璃之家　布鲁诺·陶特设计　1914 年

的是对“法古斯”进行批判,进而超越“法古斯”。陶特认为“法古斯”有着作为物质的玻璃，但是它缺少将意识与物质联结的理念。它仅仅是用玻璃这种新素材建造的、孤立于主体外部的客体而已。这个玻璃盒子对于环境的接收者——主体没有任何积极动作，主体与玻璃之间被绝对的距离永远地隔开了。

陶特觉得，玻璃并不是那样冰冷而孤独的东西。他确信，玻璃能直接而强烈地作用于我们的意识，它的内部蕴藏着解放我们精神的力量。在玻璃之家里，刻印着陶特的老师，诗人保罗·希尔巴特的诗：

没有玻璃宫，人生成重荷。

多色的玻璃，将憎恨打碎。

于是光，贯穿宇宙万象，结晶体生生不息。

为了在玻璃与意识之间制造联系、牵线搭桥，他试图将蕴藏在玻璃这一素材中的一切可能性完全发掘出来。首先，除了基础部分，建筑基本上完全用玻璃来建造。穹顶部分是双层玻璃结构，外层是透明的研磨平板玻璃，内层以呈浮雕状、被叫作“勒克斯法棱镜”的小片有色玻璃砖铺埋而成。而且玻璃的颜色呈现戏剧性的渐变：从底部的深青，经苔藓绿过渡到上部的金黄色，直至最高处发光般明亮的黄白色。与颜色的渐变相应，棱镜玻璃的浮雕形状也着意制造出有层次的渐变。

然而遗憾的是，除了博览会期间到访展厅的少数参观者以外，没有更多的人体验到这个充满了不可思议的光感的空间。“玻璃之家”

〔图四〕

法古斯工厂　格罗皮乌斯和梅耶［Adolf Meyer］设计　1911 年

仅仅凭借一张分辨率不高的黑白照片呈献给世界，被记录在历史上。当时媒体的能力就仅限于此，20 世纪这一时代里建筑被接受的形式也仅限于此。建筑，只能通过几张静止的黑白照片，被评价、被判断。

这里无疑包含了建筑师陶特的悲剧的一个原因。“玻璃之家”给当时的人们，特别是直接体验到那个空间的人们带来了巨大的冲击。但是，一张静止的黑白照片记录下的“玻璃之家”，只是一个奇妙而恣意的形态、一个造型体。透明性、光，全都感觉不到。就连其中多种色彩的渐变也没能传达给人们。多用曲线和曲面、拥有恣意形态的物体，总会被不分青红皂白地囊括到“表现主义”的名下。“玻璃之家”当然就被看成是典型的表现主义作品。结果，将物质与精神性接合的苦心孤诣的尝试，落得个被一概而论为表现主义的命运，就因为所有的建筑都是按照造型的形态被分类、被归纳的。且不说与存在于根底的思想毫无关系，与内部空间、平面规划也不沾边，所有的建筑都仅仅以造型的形态为依据被进行分类。陶特成功地创造了奇迹般的建筑，但是他的奇迹却无法传达给人们。因为它早已被贴上“表现主义”的标签，被这样“传达”和“理解”了。

怎样才能将建筑的冲击力传达给更多的人呢？现代建筑的主题很快转向了这个方向。创造新的建筑、新的城市不再是追求的目标，如何做出通过媒体能够进行传达的建筑成为建筑师们探索的新课题。极端地说，探求新建筑，就是探求面向大众传媒的建筑。

现代建筑的革命者，被后人称为大师的两位建筑师，勒·柯布西耶［Le Corbusier，1887—1965，生于瑞士的法国建筑师。以其作品和对作品的阐释领导了现代建筑运动，被誉为20世纪最伟大的建筑师。其作品以混凝土建造、具有鲜明几何形态为特征］和密斯·凡·德罗［Mies van der Rohe，1886—1969，生于德国的建筑师。以钢铁和玻璃为风格的现代建筑领袖，还被认为是20世纪摩天楼建筑的原型缔造者。1930—1933年任包豪斯校长，1937年赴美，以芝加哥为中心展开建筑活动］领导了这一方向性的转变，是这种精彩的转变为二人赢得了“大师”的桂冠。一句话，他们创造了极为“上镜”的建筑。即便被印在一枚小小的黑白照片上，他们的作品仍显得足够个性和新颖。因为他们就是以能拍出一张决定性的照片为目标来进行建筑设计的。要能让一张照片具有“决定性”，就必须把整个建筑都在这张照片中阐释出来。因此，这张照片不能是建筑的局部或内部照片。而认知整个建筑所需要的距离、主体［照片的拍摄者］与建筑之间一定的距离就成为必要条件，建筑本身就需要提供以此距离为前提的形态和细节。这时建筑是作为一个简单清楚的造型被记录在相纸上的。柯布西耶及密斯的建筑手法，完全满足了这种要求。他们尽量回避复杂的形态，而偏爱即使在远处观望也能充分认知的单纯而纯粹的几何学形态［图5］。那些只有接近时才能被认识的复杂质感，准确地说拍近照时才会出现在相纸上的“肌理”是不需要的，或者还不如说是碍事的。一旦肌理也随视点的变化而相应地变化，本来应该是独一无二的整体性也会动摇、暧昧起来，迎合大众传媒的单一的整体性就会丧失。为了规避这种风险，柯布西耶及密斯都回避了微妙的“肌理”的表现，只偏爱白色的平壁，以及无接缝的大块玻璃。柯布西耶对于本应洁白平坦的墙面在照片中呈现出的微妙阴影和细微差别极为反感。在他的作品集里，他甚至做手脚在照片上涂抹白色颜料，来伪造无阴影的白色墙面［关于柯布西耶作品集中照片的改动，以下书籍做了翔实的考证：Beatriz Colomina, *Privacy and Publicity*，1994；《作为大众传媒的现代建筑》，松畑强译，鹿岛出版社，1996］。他抹杀“肌理”的欲望如此强烈。

为了获得明白易懂的整体性，建筑还必须与周围环境分割开来。建筑必须是从周边环境中强烈而清晰地凸显出来的造型体。埋没于环境之中的、与周围环境高度连接在一起的建筑，分不清哪里是建筑哪里是环境的界线模糊的建筑，是不符合当时的大众传媒的要求的。因为单一的照片无法反映出这样的建筑的全貌。

柯布西耶和密斯，对此要求也作出了恰当的回应。在与环境的分离上，他们所选择的手法是卓越超群的。或者应该说，正因为他们各自找到了独特的分割手法，才获得了现代建筑大师的地位。柯布西耶使用基柱［支撑建筑的立柱，将其排列制造出开放的外部空间］将“建筑”支离地面，成功地将建筑与环境分割开来。在他看来基柱［Pilotis］是现代建筑五大原则［即基柱、屋顶花园、自由的平面、横长窗、自由的正立面。柯布西耶于1926年前后提出，1927年在魏森霍夫区住宅展览会上与其作品一起发表］

［图五］

萨伏伊别墅［Villa Savoye］ 勒·柯布西耶设计 1931年

之一，应该是使大地向人开放的手段。但实际上，他的本意并非解放大地，而是要将建筑隔断。不是为了活用土地资源，而是为了让自己创造的纯粹的形态独立出来、凸显出来，所以采用了基柱。

在密斯那里，台基发挥了同样的作用［图 6］。将建筑置于台基上，与周围环境隔开的手法，是古典主义建筑的常规手法。就像古典的雕刻被放在台座上，台座使之与环境隔断那样，古典建筑中台座是必需的。现代建筑是为了否定 19 世纪之前支配欧洲的古典主义建筑而诞生的，而密斯却不假思索地让台座复活了。将建筑隔断、使其成为一个独立的对象物是如此紧迫重要，以至于他不惜打破台座的禁忌。时代及大众媒体对造型体的需求如此强烈。

适合成为媒体发布对象的现代建筑，在第一次世界大战后成为主流。陶特完全没有赶上这股潮流。他在“玻璃之家”中探求的可能性，和这主流的方向完全是背道而驰的。为了陶特的名誉再补充一句，说没赶上潮流，不如说他是刻意要对这一方向进行批判，并使与之对立的立场更加尖锐化。他把柯布西耶等的这种将几何学形态的发布作为首要目标的立场称作“形式主义”，对其进行了激烈的批判。尽管如此，陶特还是成了失败者。正当媒体的性质骤然转变、新特性的大众传媒要求世界和文化也发生质变时，陶特毅然选择了逆向而行。

“玻璃之家”被囊括于表现主义的名下，在现代主义潮流中被边缘化了。然而此后陶特仍然追求着不同于造型体的东西。在柏林布里

巴塞罗那世博会德国馆［Barcelona Pavillion］ 密斯·凡·德罗设计 1929 年

茨的住宅区，他尝试设计了一种平面呈巨大马蹄状的集合住宅［图 7］。因为墙壁非常缓和地弯曲起伏，从地面上要看清巨大墙壁的一小部分也很费劲。建筑呈现在人们眼前的只有墙壁柔和的质感，以及贴着蓝色瓷砖的美丽窗框。绕着建筑走一圈也找不到“造型”的存在。只有升到空中以俯瞰的视点才能认识到这是个马蹄形的物体。可以说这正是陶特想要的。所以他有意描绘了这样一条极度平缓的曲线，以此来消灭对象、去除建筑，这才是陶特的目的所在。

1927 年，德意志制造联盟主办的实验住宅展在斯图加特近郊的魏森霍夫举办。那里成了陶特与柯布西耶、密斯等形式主义建筑师直接对阵的场地。陶特尝试运用多种色彩。就像“玻璃之家”的室内填满了无数颜色的棱镜玻璃，他的实验住宅的外墙也是由无数的色面构成的。

在陶特看来，建筑不是一个造型，也不是一个形态。他认为从人们将建筑作为独立形态加以认识的那一刻起，人和建筑的距离就产生了。这时，人与物质、意识与物质被分割开来。因此要将意识和物质连接起来，就必须尽可能排除形态这一媒介。比如以色彩作为媒介，物质与意识就会更为直接地连接在一起。色彩这种东西似乎让人觉得主观而又暧昧，但实际上是极为实在而具体的。他想，选择色彩作为媒介，应该可以在意识与物质之间科学地建立联系了。

晚年的维特根斯坦也抱有完全相同的看法，写了《关于色彩》[Ludwig Wittgenstein，*Bemerkungen über die Farben*，1950；中村升、濑嶋真德译，

［图七］

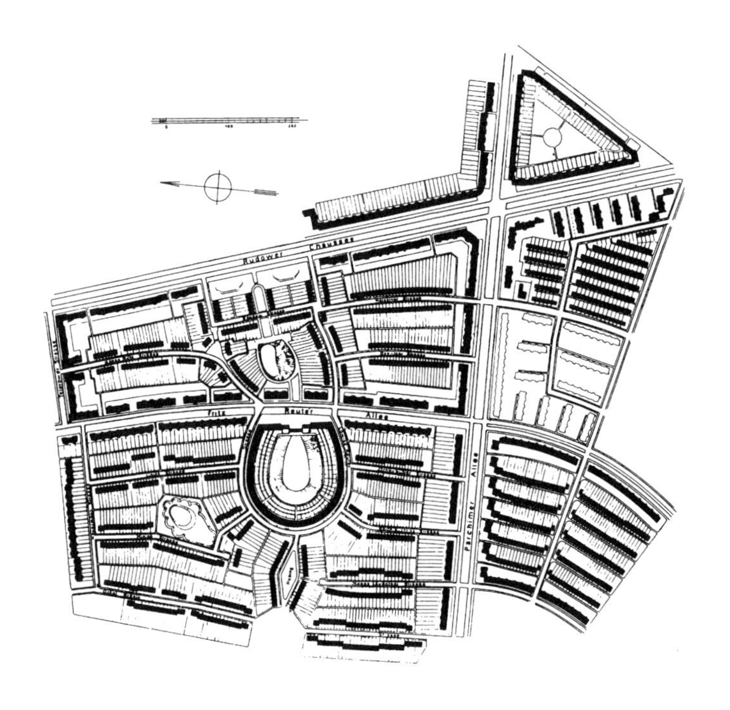

布里兹巨型集合住宅［Britz Siedlung，Berlin］ 布鲁诺·陶特设计
1925—1930 年 总平面图

新书馆，1997］一书。维特根斯坦认为，以色彩语言为媒介，就有可能对主观与世界的关系进行科学分析。他鄙视那种在世界的绝对性破灭的时候，趁机放弃对世界绝对、客观的认识态度。他认为，肯定世界与主观之间的割裂、以主观的绝对性置换世界的绝对性的尝试，是不具建设性的，无异于放弃思考；无论在怎样的世界里，在怎样的状况下，世界与主观都没有丝毫的割裂。以语言这种具体的东西为媒介，世界与主观已经被实实在在地联系在一起了。通过语言的科学化，我们能够再次获得世界。这是维特根斯坦后期主张的要点，这与陶特的思考是完全一致的。正如陶特尝试在物质和意识的分裂之间科学地建立联系，维特根斯坦也试图在世界与主观的分裂之间科学地架桥。

然而就像前面反复说到的，选择这条路等于是毅然选择了困难。为分裂架桥伴随着层出不穷的困难，而对分裂放任不管则要容易得多。但陶特还是想要为分裂架桥。哲学上，新康德主义和维特根斯坦都走上了艰难的道路。新康德主义在第一次世界大战前后失势，成为20世纪哲学主流的是从现象学到存在主义的潮流。在这股巨大的时代潮流中，企图为物质与意识架桥的奢望骤然失速。新康德主义的目标，是为物质和意识、为世界和主观架桥，同时也是为哲学和经验科学架桥。然而事实上，当其领域纯粹限于物质世界时，经验科学是最具建设性的方法论。新康德主义的失速是必然的。

新康德主义之后，继承了其半部衣钵的现象学登场了。现象学的主题表面上也是物质与意识的架桥，然而这两种哲学之间有着巨大的隔阂。现象学，已不再是存在于物质与意识夹缝中、起到联结作用的学问，而是专以意识为研究领域的学问。在将研究领域限定于意识领域后，彻底采用了经验科学的手法。对于那些被认为不可能像意识那样进行分节的东西，现象学进行了巧妙的分节及客观、实证的记述。但那时，物质领域已经被舍弃了，物质与意识的割裂状态没有改变，意识只不过是在内部为经验科学腾出了空间而已。

这之后，存在主义登场。存在主义是客体的哲学。现象学对时刻变化的意识流强行进行分节和分析，但结果，意识丧失了其故有的、明确的轮廓和牢固的整体性，成了永远流动着、永远无法固定的存在。存在主义的目的，是拦截这一流动，将它重新固定起来。出于这个目的，存在主义提出了作为实体的、不可取代的固有主体——客体。这个客体即被称为“存在”。所以说，存在主义是客体的哲学，是笛卡尔以来处于丧失状态的、哲学上客体的复活。

在空间领域，也有同样的变化。陶特的目标是实现物质和意识、世界和主观的连接。运用玻璃、色彩这些媒介，尝试在分裂上架桥。然而他的尝试被看作是一种极其个人、极其主观的尝试，或是一种恣意的表现，并没有引起丝毫的共鸣。“玻璃之家”中，仅有那花蕾般不可思议的形态得到了人们的关注，魏森霍夫的彩色拼贴的外墙被称为“疯狂的颜色”，得到了最低的评价。

就像新康德主义之后出现了现象学，在空间领域里，陶特之后，构成主义登上舞台。哲学与空间领域的形势变化巧妙地处于平行状态。现象学与构成主义都不约而同地放弃了为分裂架桥这条艰险的道路。正如现象学自行锁定了意识领域那样，构成主义则将自身限定在了物质领域，仅在物质领域里进行彻底的分节、分析。建筑被分节成为地面、顶棚等元素，似乎这还不够彻底，墙壁、顶棚进一步被分节为更小的断片。在现象学里，元素还原那样的经验科学的手法被应用于意识；而在构成主义上，它被彻底地应用于空间。最终，现象学将意识这种流动的东西置于经验科学方法论的支配下；构成主义则凭借分节后的小块建筑元素的组合，以“科学的”手续，实现了流动的空间。

然而，以上任何一种情况都不能让人们真正满意。流动的意识越经科学的分析，越会让人感到实际的意识不是那种东西；而用科学的方法［即构成主义］做出的流动的建筑，作为建筑又让人感到过于暧昧而缺乏稳定性。人们再次期盼简单而强有力的东西。明确的轮廓和整体性再次成为人们对于建筑的要求。也就是说，造型建筑、割裂的建筑再次为人们所追求。应此要求出现的就是柯布西耶和密斯提出的割裂的建筑。

当然，这一诉求仅仅是在保守主义层面上产生的。20 世纪的媒体、文化传播的机制再次召回了作为造型体的建筑。着眼于流动空间的构成主义者们，虽然是彻底的现代主义者，属于先锋派，但却没能理解20世纪媒体的性状和界限。构成主义所提出的流动空间，需要运动的画面来进行传达。只有拿起摄影机在众多建筑元素之间移动起来，才可能传达出这个空间的流动特性。要传达出空间的流动性，录像这种内藏着时间参数的媒介是必不可少的。此外，虽然他们很小心地对待构成建筑的一个个元素的分节，但对建筑与环境的分割却毫不关心，令人惊讶。施罗德住宅［Rietveld Schröder House，图8］细腻的元素群被毫不做作地置于大地之上。面对20世纪的传媒体系，他们表现得过于天真。要是柯布西耶或者密斯的话，一定会在其中插入基柱或者台座什么的，把建筑彻底切割出来。与环境关系暧昧的断片的乱舞，是不可能成为强烈固定的图像被凸显出来的。被洗印在一张相纸上的构成主义建筑，不过是些恣意散乱着的小片断而已。

这里暴露出20世纪这一时代的一个悖论。构成主义也好，柯布西耶和密斯他们的建筑也罢，如果从功能主义、反装饰等标准来看，同样都属于现代主义。但是，两者间存在着巨大的区别。构成主义虽然是空间的革命者，却不理解20世纪媒体空间的性状。柯布西耶和密斯在建筑空间上虽然保守，但却清楚媒体空间的性状，并最大限度地利用了20世纪的媒体空间。

结果，是造型体为分裂架设了桥梁。在物质与意识、世界与主观的分裂之间，由造型体担纲了桥梁。

在物质方面，有了“商品”这个客体。并不是说把物质粉碎了就能得到商品。所谓“商品”就是割裂于环境、自我主张、让主体产生欲望的客体的别名。另一方面，在意识一方，连“存在”这个客体也遭到粉碎。“存在”被从一切群体和共同体割离开来，孤独地存在着，正因为如此才会对商品产生欲望。两方面都被分解成了客体：商品与个人。于是，两种客体互相需要。客体与客体得以直接、自由地接合。这就是 20 世纪，物质与意识、世界与主观之间架桥的形式。

柯布西耶和密斯，因为向这个 20 世纪的架桥形式提供了最适合的客体，即商品，而获得了 20 世纪建筑领袖的地位。他们并不仅仅是设计出了造型体，对于这个造型体要针对谁，怎样来展现，他们有着很好的理解。他们完全了解，个人住宅才是最强大、最能被广泛展示的建筑商品［客体］。遗憾的是陶特并不理解这种 20 世纪的机制。与个人住宅相比，他更关注集合住宅，认为集合住宅才是解决 20 世纪各种住宅问题的关键。他尝试了各式各样的集合形态，甚至做出过集体进行家务劳动的提案。这种过于诚实的态度对于陶特也成了一种灾难。孤独的主体，不会喜欢任何形式的束缚。只有有魅力的商品才能让他们从个别性中逃脱出来，这样的梦想支撑着他们的孤立。孤立不能因聚集而得到拯救，而是要由商品这一种孤立来拯救。被割离的主体，只能通过被彻底地割离来获得拯救。陶特未能理解这个 20 世纪的悖论，他的诚实使他在 20 世纪落伍了。

施罗德住宅　吉瑞特·托马斯·里特维德［Gerrit Thomas Rietveld］设计　1924年

这所小住宅被称为风格派的建筑代表作，通过小规模建筑元素的组合，表现出了“流动性”。

柯布西耶和密斯则要聪明得多。柯布西耶宣称“住宅就是用来居住的机器”[Le Corbusier, *Vers une Architecture*, 1923 ;《走向新建筑》, 1967]。在这宣言前后，他发表了名为雪铁汉 [Citrohan] 的住宅 [图 9]。雪铁汉是雪铁龙 [Citroën] 的谐音，他提倡个人住宅就像汽车那样，作为一种商品被生产被消费。

这些宣言、设计都通过印刷媒体广为传播，唤起了大众对新住宅的欲望。接着，他们又动员起展览会这一媒体。1932 年，纽约的现代美术馆举办的题为“现代建筑”的展览会对现代主义建筑向世界的扩散，以及现代主义建筑在与其他各种样式的建筑的较量中取得胜利起到了决定性作用。展览会的组织者菲利普·约翰逊 [Philip Johnson, 1906—2005, 美国建筑师，建筑史学家出身，参与了纽约现代美术馆（MoMA）“现代建筑”展的策展及 MoMA 建筑设计部门的设立。之后作为建筑师留下了多部作品。20 世纪后半期动摇了世界建筑界的后现代主义、解构主义等潮流，也被认为是来自他的策划。他展现了“作为策划人的建筑师”这种极具 20 世纪性格的新型建筑师形象] 向参展的建筑师们提出了尽可能展出个人住宅的建议。他明言，大众最感兴趣的是个人住宅的展览会。继现代美术馆的展览会之后，甚至在芝加哥的西尔斯罗巴克 [Sears Roebuck]、洛杉矶的巴洛克等商场也筹划了展出。柯布西耶展出的萨伏伊别墅的模型、密斯展出的巴塞罗那世博会德国馆 [实际为博览会建筑而非住宅，但密斯将其设计为一种住宅空间。密斯对于个人住宅战略上的重视程度从此也可见一斑] 博得了特别的好评。因

【图九】

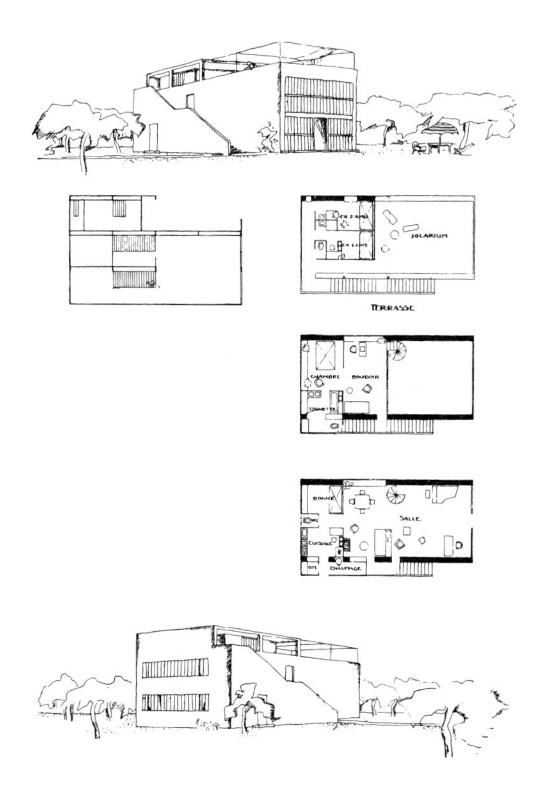

雪铁汉住宅第一案　勒·柯布西耶设计　1920 年

为这些与大地割断的对象物有着最强烈的图像性，是有着最强冲击力的商品。

“现代建筑”展并不是现代主义建筑决胜的展览会，从本质上来说，应该是以现代主义与中产阶级的结合为目的的展览会。充当结合媒介的是作为对象物的个人住宅。这个结合获得了完美的成功，现代主义获得了巨大的市场，被社会所认知。尝到了甜头的现代主义者们让这种形式延续下去。所以借用美术馆这一权威场所举办建筑展——这种20世纪特有的活动在世界范围内被无数次地举行。活动的目的是向中产阶级兜售新的建筑样式，因此一定会用个人住宅作为媒介。正如销售“商品”这个客体需要商场这个框架，推销个人住宅这个客体也离不开美术馆这个框架。美术馆出色地扮演了商场的角色。

就这样，20世纪的建筑被造型体主导着，而一直否定着造型建筑的陶特则完全被排斥在潮流之外。但是，让我们深感兴趣的正是魏森霍夫住宅展之后的失败者陶特，就是在与柯布西耶、密斯们的直接较量中被贴上“色彩狂人”的头衔、彻底失败、被人忽视了的陶特。

魏森霍夫住宅展之后，陶特颇不得志。在建筑界得到的评价极低，工作也骤然减少了。再加上不断得势的纳粹党把他看作社会主义思想的持有者加以排斥。1933年，陶特得到纳粹计划逮捕他的情报，匆忙逃离了德国。避难目的地之所以选择日本，是因为之前的1932年他曾收到日本国际建筑会［1927年成立于京都的前卫建筑师组织。创始会员包括本野精吾、上野伊三郎等六人。另有沃尔特·格罗皮乌斯、陶特等十位外国会员。组织的纲领开头是“摈弃只从传统样式中寻找依据的做法，不拘泥于狭隘的国民性，从真正的‘本地性’出发”］的邀请函。

当时的陶特所关注的，应该说是俄国。相比个人住宅，他更关注集合住宅，对人们可能以怎样的方式来共同生活抱有强烈的关心。1932年，他接受莫斯科苏维埃干部会的邀请，移居到了莫斯科。但当时莫斯科也开始发生政治、文化上的巨大转变。1932年春起，共产党中央委员会发起了文化界的改组运动，俄国构成主义遭到否定，以过去的传统为规范的纪念碑式的国家主义建筑［典型的造型体建筑］的推进者掌控了建筑界。构成主义向造型体的转换在俄罗斯也已兴起。怀着对新天地的憧憬移居俄国的陶特，此时痛感在俄国也没有自己的立足之地。

正像陶特的走投无路，实际上，邀请他的日本国际建筑会也正遭遇窘境。日本开始正式进入战时体制。在建筑界，混凝土结构加上日式屋顶的所谓“帝冠样式”［图10］成为主导的建筑样式。无论在俄罗斯还是在日本，纪念碑式的建筑越来越掌控着话语权。对标榜现代主义建筑的国际建筑会而言，处境极为严峻。而就在这个时候，1928年起在巴黎的柯布西耶事务所经历了两年实习的前川国男［1905—1986，日本现代主义的代表性建筑师之一，代表作有神奈川县立音乐堂、东京文化会馆、东京海上大厦等。提倡“技术之道”，提倡以技术为后盾的现代设计］回国了。

柯布西耶凭借众多颇具刺激性的著作和作品，在年轻建筑师中已经成了神话般的存在，从他那里直接受教的前川回国后必定也是耀眼的。刚一回国，前川就在东京帝室博物馆的设计竞赛中，以华丽的方案演示，高调展现了自己的存在。设计竞赛的参赛大纲里清楚地写着“建筑样式必须是与内容保持和谐的、以日本趣味为基调的东洋式”，这遭到了现代主义者们的一致反对，国际建筑会拒绝参赛并向各方发送了理由书。而前川却硬是无视这样的参赛大纲，提交了柯布西耶风格的白色盒子状建筑［图 11］的设计方案。前川的方案是一幢白得发亮的不折不扣的造型体建筑，为了强调与环境的隔绝，像萨伏伊别墅那样用成排的细长柱子组成的柱基，将建筑与大地分割开来。前川公然无视大纲提出的造型体建筑得到了年轻建筑师们的支持，这使他一跃成为现代主义的英雄。

一边是名为帝冠样式的国家主义的造型体建筑，另一边是柯布西耶式的造型化了的现代主义。国际建筑会悬在两者之间，处于极不安定又“不起眼”的尴尬位置。造型体建筑是显眼的，可以通过突出的视觉形象确保人们的支持。前川在帝室博物馆设计竞赛中提交的方案就是这样一个典型。

国际建筑会为了从困境中脱身，向布鲁诺·陶特发出了邀请。他们尚未意识到，当时陶特的处境也很尴尬。两者皆落伍于造型体主导的时代了，正因此陷入了困境。如果不是陷入了困境，陶特也许并不

［图十］

1931年在东京帝室博物馆设计竞赛中被选中的渡边仁的方案透视图、立面图。此建筑被称为帝冠样式建筑的代表作。

会接受邀请，日本与陶特这宿命的邂逅恐怕也就不会发生了。

1933 年 5 月 3 日，经由西伯利亚铁路来日的陶特，到达了敦贺港。翌日，陶特就到访了桂离宫。抵日第二天便是这样急行军，也许是因为当时国际建筑会已经焦虑万分了吧。他们把陶特带到那里有一个目的，就是要让陶特说一句话——桂离宫是现代主义。他们觉得，有了这句话，他们就能否定“帝冠样式 = 日本”这个等式，同时也能否定掉“柯布西耶 = 前川式的‘外来的现代主义’”。这就是他们的策略，利用桂离宫去否定帝冠样式与柯布西耶式现代主义这两种建筑样式。他们相信，桂离宫把梁柱等结构体暴露出来的做法、非装饰性的简素设计，在陶特看来也一定会是现代主义的。

那个日子，5 月 4 日，正好是陶特的生日。结果，从某种意义上说，这次到访背离了国际建筑会的预想。陶特对桂离宫的感动大大超出了他们的预期：“今天，恐怕是我今生尽善尽美的生日了。”“桂离宫，实在是文明世界中绝无仅有的奇迹。无论巴特农神庙、哥特大教堂还是伊势神宫，都不如这里能如此清楚地彰显‘永恒之美’。”[布鲁诺·陶特，《日本：陶特的日记》，筱田英雄译，岩波书店，1975]

不仅感动的程度超乎想象，连感动的对象、方法也是国际建筑会所不曾料到的。对于桂离宫是否是现代主义这个问题，陶特几乎不感兴趣。他关心的已经超越了现代主义的范畴。从这个意义上说，国际建筑会的图谋确实是落空了。陶特关于桂离宫的言论的关键词是“关

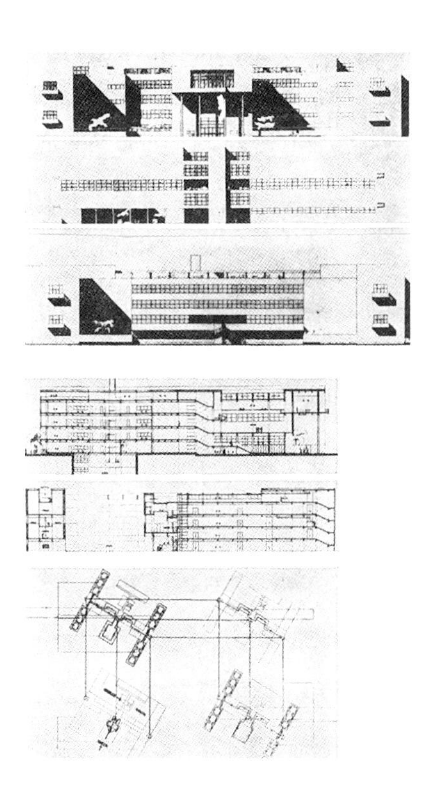

前川国男在东京帝室博物馆设计竞赛中的参赛方案立面图、剖面图、组织构成图。摘自《国际建筑》1931 年 6 期。

系性”。“这个奇迹的精髓在于关系的样式——将相互的关系幻化为建筑。”[布鲁诺·陶特,《日本美的再发现》,筱田英雄译,岩波书店,1939]

具体而言,他所说的“关系性”,首先是主体与庭园的关系。建筑不过是对这两者之间的关系性进行定义的参数之一。从这个意义上说,他的桂离宫论,是极其奇妙又让人大失所望的建筑论。因为比起建筑,他更多的是在谈论庭园。就算说到建筑,也不是将建筑作为一个客体来谈论,他是把它作为连接庭园和主体的媒介来谈论的。

“来宾休息室前面有一个叫做观月台的竹台,从这儿放眼望去,整个御苑包括池塘都能尽收眼底。这美得简直要让人流泪。形状那么丰富,石头上有许多乌龟,有的乌龟还高仰着它们的头……最有助于这一理解的是池畔船码头的斜线……沿着船码头,视线就沿着这条动线被引向一丛繁茂的杜鹃花,再往前,就被引向通往撞堂和四阿的桥。”[布鲁诺·陶特,《桂离宫》,筱田英雄译,育生社,1946]

这是非常特异的建筑论。造型体建筑被慎重地抖落,仅仅拾起了与连接有关的关系性。并且,在拾起“关系性”这个暧昧而微妙的概念的同时,还尽可能做得科学而客观。

催生出这一绝无仅有的姿态的,是占据陶特体内的分裂。意识和物质的分裂。为这一分裂架桥成了陶特一生的课题。将意识还原为存在这种物体、将物质还原成商品这种物体,这种20世纪的手法,他是断然拒绝的。将意识与物质一同还原为最细小的物体,然后用市场这种统计学将它们连接，这是 20 世纪的连接方法。他拒绝了 20 世纪的物体，也拒绝了 20 世纪的连接，执意在玻璃、色彩这些暧昧而高难度的媒介上下赌注。他利用这些媒介来挑战意识与物质之间的“架桥工程”，其结果是反复的挫败。最后，当他偶然来到远东的庭园，不想却邂逅了意识与物质之间美丽的连接形式。他流着眼泪，只是在庭园中不停地游走。

这个庭园里没有那种可以被称为造型体的东西。“这应该叫做屋子吗？”［布鲁诺·陶特，《日本的房屋与生活》，筱田英雄译，岩波书店，1966］。他对于如此大敞门户的开放的日本建筑里的“不存在”，常常忍不住表示惊讶。他的惊讶里没有丝毫的负面意味。桂离宫本是皇族的别墅，在这样的建筑里人们也并不追求造型体。反观西欧的住宅及其他建筑，那是除了造型体不作他想的。如此性质相异的方法，令他惊叹不已。“不存在”因室内色彩、形态的简素得到进一步的强化。他说，这简直就像野外剧场的舞台一样，而野外剧场本是不具备存在感的。但是一旦加入了人、人们衣服的色彩、坐垫的色彩，空间就突然变得丰富鲜活起来。而所谓关系性的网络其实也是几近于“不存在”的，但是一旦投身于其中，这张网就会突然启动，空气为之一变，主角始终是人的身体。而在受客体支配的空间里，主角始终都只是客体，不论人如何投入其间，空间都纹丝不动，处于冻结状态。

在对关系性进行思索的时候，他碰到了“时间”这个问题。他发现，物质与意识不仅是由空间，同时也是由时间连接在一起的。在建筑这个框架内部进行思考的时候，是可以不考虑时间的。但是一旦踏入庭园这一框架，就不可能继续对时间的存在熟视无睹了。因为，在一瞬间认识建筑的整体是可能的，但是要在一瞬间认知庭园这个展开的整体是不可能的。而庭园的设计者正是要用庭园的可能性去置换这个不可能。随着时间的导入，"不存在"的混沌中有了流动，运动发生了，关系性的网络被编织出来了。陶特试图记述的不是桂离宫的空间，而是桂离宫中流动的时间。

"穿过林泉通往茶室［松琴亭］的道路，是一条通往哲学的道路。起先出现的祥和的田园诗、涓涓细流与小瀑布，从这里开始变得严肃起来。荒滩上可见的粗石、岬角之端，立在最远处的一只石灯笼。姿态严峻的石块仿佛在对来访者呵斥'静思吧！'。人们走过通往茶室的粗大的石桥，在茶会上不论身份高低地畅谈，转而在广厦落座共进怀石美膳，这时再次听见彼方的水声，又发现阳光落在水面上的灿烂……刚刚在大石块上晒甲的龟扑通一声沉入水中。鱼儿游动让水面波光粼粼，夏蝉在树荫里飒爽地歌唱……世界真是美丽。"［布鲁诺·陶特，《日本美的再发现》，筱田英雄译，岩波书店，1939］

陶特还在纸上描绘出了桂离宫。这里存在一个文字表达中所没有的困难——要在绘画这种被局限于二维的框架中描绘出时间。这是20世纪绘画的一大课题。立体派曾尝试过把不同时刻的画像重叠起来，用以解决这个问题。陶特的办法是把墨画的图像与箭头等记号和文字叠加起来，用这个办法把时间封存在一个平面上［图 12］。一切都被叠加在一张和纸上。这层层的重叠是有意义的，这意味着时间的叠层。淡墨透明化的线与面记录下复层的轨迹。笔锋擦出从浓重的黑到轻薄的黑之间的时间轨迹。墨，就是一种以这样的形式来记录时间的介质。这一切的手段，全都因为将时间封存在一枚和纸上这一难为的目标而被动员起来。

陶特在和纸上遭遇的困难，正是 20 世纪建筑、美术面临的最大的困难。物质与意识要连接起来，只有依赖于空间与时间的重合才有可能实现。这是 20 世纪初的艺术家及评论家们业已拥有的共识。比如建筑界的现代主义运动中最重要的评论家，吉迪恩［Sigfried Giedion，1888—1968，瑞士籍建筑史学家、评论家，是现代主义运动的记述者，也是深入的实践者。1928 年倡导设立 CIAM（现代建筑国际会议），后作为事务局长与众多建筑师频繁交流，在现代主义运动的推进中发挥了重要作用］在其著作《空间·时间·建筑》［*Space, Time and Architecture*, 1941］中提出空间与时间的统合才是 20 世纪艺术及现代主义建筑的最大课题。“在今天看来，空间的奥义在于其多面性，以及包含其中的各种关系的无限可能性。因此，从某一观点出发对于一个场景进行毫无遗漏的记述是不可能的。也就是说，空间的特征是会随着观看它的视点而变化的。要把握空间的本质，观察者必须把自己投入其中。”吉迪恩进一步论述说，这种连接，与爱因斯坦在《论运动体的电力学》[爱因斯坦 1905 年发表的 5 篇论文之一，其中提出的时空关系的新理论被称为“狭义相对论”] 中提出的连接本质上是相同的。但遗憾的是，20 世纪的表达者们拥有的媒介只有绘画和建筑照片。20 世纪的文化空间里流通的就是这些容易搬运的二维物体。怎样才能给这些平面的小物体注入时间呢？

因此，吉迪恩首先赞美的是立体派。立体派把原本不可能重叠的多个意象叠加在同一幅画面上，他们认为这是“时间的表现”。同样，玻璃的现代主义建筑因透明玻璃的穿越，原本不可能重叠的两个空间重叠了起来。吉迪恩朴素地认为这正是时间的表现。对他来说，这样的重叠已经足够了，已经是划时代的了。这是吉迪恩的局限，也是时代的局限，那个时代文化的局限。玻璃的空间，实际上是怎样流动的，在主体面前是以怎样的形式出现的，主体又以怎样的方式、体验到什么？此时时间又保持着怎样的速度和加速度在意识的内部流动？只要涉及流动就必然出现的这些问题，当时都不被考虑在内。这些问题，大大超出了照片这种媒介的界限。时间与空间本是不同维度的相异的事物，对于时间能在画布及照片这样有限的框架内以某种形式得以表现，仅此就让吉迪恩和那个时代完全满足了。而以中国、日本为代表的非西欧绘画中，时间与空间的连接早在遥远的古代就有了高明的实现手段，这个事实并不在他们的关心范围之内。

现代主义一方面把时间与空间的连接作为目的，一方面却停留在

《画帖·桂离宫》 布鲁诺·陶特 1934 年 岩波书店收藏

透明玻璃的这一实体上止步不前。他们认为用了玻璃空间就会流动起来，时间与空间的连接就实现了，这是一种廉价的解答。这样的解答又总是以造型体建筑的形式提交。

不喜欢用玻璃的柯布西耶也准备了别的解答。他用楼梯、坡道，试图向空间里导入螺旋状运动［图 13］。他在很小的住宅里也会设计一个挑空井，在那里做出能让人体验到螺旋上升运动的设置。他的策略就是通过运动的导入将时空连接起来。可是，这里还是有媒介的问题。运动要怎样才能被拍摄在一张建筑照片上呢？如果是电影的话，只要带着摄像机爬上楼梯，就能把螺旋运动记录下来。可是一张照片能够纪录的不过是时间的一个截面而已。这时，柯布西耶找到了一个极为巧妙的对策。把楼梯、坡道作为一个独立的造型体，使其独立于空间之中。如果建筑中的楼梯被设在封闭的楼梯间里，楼梯是不可能作为楼梯本身出现在照片上的。从外面看起来，楼梯间只不过是墙壁，进到楼梯间的内部，也只能拍到阶梯的局部照片而已。柯布西耶的做法是让楼梯、坡道暴露在大空间里。这样他就实现了运动的实体化，也实现了时间的实体化。柯布西耶的楼梯和坡道是在空间中格外耀眼的实体，是本不可见的运动的物化象征。这样运动变成了照片，时间也变成了照片。

现代主义最终只不过将时间这一问题与透明性和运动的问题进行了置换。让建筑成为玻璃造型体，让楼梯、坡道等体现运动的单元成

萨伏伊别墅　勒·柯布西耶设计　1931 年
一层的室内设计［上］、二层的斜坡［下］

为物化象征，这就是现代主义对于连接时间、空间的课题做出的解答。这样，把时间摄入照片就成了可能，时间也得以在世界上自由地流通了。

陶特所做的，则是对此解答进行全面否定。非但不将时间固结为实体，他要让时间就以它活生生流动的状态与空间连接。

热海的日向邸，就是以此为目的的最早尝试。日向氏委托陶特做的是加建地下室，原本就不存在外观。也就是说，其本身就是无法作为造型体凸显出来的。这几乎是一个与环境完全隔绝的建筑项目。但对正试图否定造型体的陶特来说，这完全不是问题，甚至可以说是求之不得的条件。陶特在这个不起眼的小项目里高高兴兴地倾注了全力。陶特当时的助手水原德言回忆说，陶特亲自面对绘图板，用了半天时间，画出了复杂的加建图纸。其间，他不停地咕哝着“may be so...may be so...”［是这样吧……也许是这样……］。那时，陶特的身体肯定已经来到了即将实现的日向邸，在流淌于那个空间的时间流里游荡着了。伴随着“may be so...may be so...”的节奏在日向邸中流淌过的那些时间，一定已经被铭刻在了今天我们看到的这座建筑里。

陶特把一切押在了日向邸上。但是他的热忱在周围人看来却是异常的。特意请来的世界级大师竟然如此执着于小小的地下室加建工程。而最终的成果也让人为之愕然。在庭园下面建造的地下室，当然不可能有什么美丽的外形，但就是进入室内，人们也没能见到一个独立的造型体。想要拍照，这样无聊的空间实在拍无可拍。屋子全部被涂成近乎黑色的暗淡色调，一切视觉上有突出效果的元素都不存在。地面上虽有着多处高低差，但又都不具有突出的楼梯的造型。这与将所有的高低差都巧妙地表现为实体的柯布西耶的设计方法完全相左。

日向邸于 1936 年竣工。那个时代，人们试图把文化、思想都物化为简单易懂的小碎片，试图把所有的对立也都归纳为物体与物体的对立。这是非常卑怯而没有想象力的归纳方法。在当时的建筑界，对立主要集中在国际主义和民族主义上，这两种主义的对立不可避免地被归结到两种造型体的对立上。国际主义的代表是不施装饰的简单造型体，民族主义的代表则是被装饰成特定样式的造型体。双方的阵营都努力使各自支持的建筑设计特征更加鲜明。在日本，这一对立正表现为柯布西耶派的白箱子与帝冠样式的对立。两派在形态的独立性、明确性上都各自达到了极限状态。也就是说，两种造型体都已臻完美，已处于气球即将爆裂的临界状态。

就在双方对立相持不下之际，陶特就像一位决定性的证人被召唤到了日本。双方都屏息等候着他的判词，等他从两种造型体中作出选择。可是，陶特背叛了所有人的期待。他没有选择一个特定的造型体，他否定了这个问题的框架本身。

日向邸中是没有造型体的。而且一边铺着榻榻米，一边又铺着西式的木地板，两者不经意地并排放在一起。这几乎让人觉得他是在拿国际主义和民族主义的对立局面开玩笑。不，在他心里，连这点嘲讽的意识都没有。他注意到了新的问题，没有人发觉的问题，他的思考早已游移到新的维度中去了。他不会有逗乐取笑的闲情。

他默默琢磨着地板和顶棚［图 14］。他煞费苦心地在地面上制造高低落差，赋予它们各种各样的肌理和节奏。他在地面和顶棚这两个平面上下工夫，试图把意识与环境连接起来，实验着能在两者之间设定出何种关系性。根据坐、立的场地的不同，前方的大海呈现出截然不同的面貌。有时主体浮游在海面上，有时大海又像墙壁般耸立在主体面前。这里出现的体验的多样性是照片这种单纯的媒介完全无法捕捉到的。

主体一旦在地面和顶棚这两个平面之间移动，空间会怎样抵抗、怎样屈服，结果最后时间会怎样流动，对于这些，陶特都细致地反复实验。比如一个人下楼进到屋里，面前首先出现一个贴着竹子的墙面。竹子是一种尺寸体系，是重复的间距。追随着它的间距节奏，主体的眼睛与身体也与之同步反应。这时主体突然丧失了来到这里以前一直持有的日常的身体速度及视觉感知上的粒子基准。然后，身体获得了新的速度和粒子尺寸，主体带着它们踏入一系列的场景之中。人们在桂离宫获得的体验正与此相同。从直面桂离宫外的竹篱的那一刻起，日常的速度和粒子就消失了。日常得以净化。然后人们才向着那庭园迈出脚步。

顶棚的设计也凝聚着匠心，处处可见关于关系性的科学思考。将桐木片一片一片加工成反透视法的扇形，然后钉在顶棚上。将仅有的

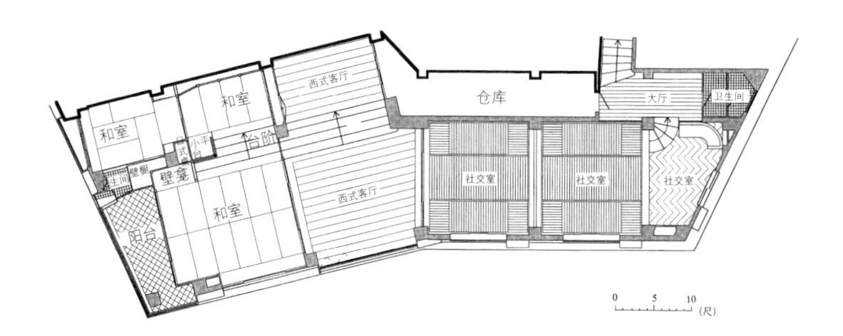

日向邸　布鲁诺·陶特设计　1936年　平面图［上］、剖面图［下］

平行打破，让空间的进深发生变化，空间对于移动的主体产生的对抗就出现了变异。宏大的巴洛克空间中常见的错视的技法，伴随着巴洛克所无法比拟的精密细致的气质，被非常谨慎地运用在了由木和纸构成的狭小空间中。这番操作的手法之细腻，也完全超出了以照片为代表的当时的传播媒介的表现力的极限。可是陶特对媒体传播或商业推广的效应都毫不关心。因为更大、更本质的问题突然以极其明确的方式出现在了他的眼前。他无暇顾及什么传媒的机制问题。过去他曾经常谈及“精神性”这个概念。面对柯布西耶式的形式主义建筑，他坚持在自己的建筑中寻求精神性。可是面对眼前这个巨大问题的具体性，精神性这个概念也无须提及了。他只是不停地选择着一个个的素材，赋予它们尺寸，决定它们表现的细节，他只须反复进行这样的工作。创造真正的新建筑，建筑师只须这样默默工作。

完全无视媒体的能力和机制，陶特的实践当然遭到了忽视与嘲笑。日本的建筑界后悔对他的邀请和支援，甚至流传出无端的谣言，说他是犹太人。日向邸的竣工是在 1936 年 9 月。大约一个月后的 10 月 15 日，他离开了日本，去向土耳其。他去赴任伊斯坦布尔艺术大学建筑系教授。他已经没有任何留在日本的理由。在土耳其的两年间，他潜心教学与设计。1938 年 12 月 24 日，年仅 58 岁的他就走到了人生的终点，死于过劳引发的心脏衰竭。

今天，我们面临着和他同样的问题。我们面对的是受造型体所支配的世界的局限性及衰弱。个人并不是一个孤立的对象物，个人是界限模糊不定的延展。物质也是界限模糊不定的延展。一切都是联系在一起的。一旦被切割成孤立的对象物，物质的魅力就丧失了大半，其黏性、压力、密度，这一切都被抹杀了。无论主体还是物质，对于被切割都有着强烈的抗拒。一切本是相互连接、相互羁绊在一起的。

其实造型体的破绽并非是今天才暴露出来的。为对象物媒介所驱动的社会已经以大萧条的形式暴露出了它的局限。造型体体系的无效以经济崩溃的形式显露了出来。大萧条证明了，以对象物，即商品这种自由而微小的粒子为媒介，要实现主体与物质的流畅而灵活的连接是不可能的。将物质割裂为商品，将人割裂为孤立的个人，从这一刻起，20 世纪的体系已经出现了破绽。商品及个人这些粒子浮游在市场中，失去了一切束缚，结果更加剧了需求与供给间的不均衡，最终不得不以大萧条的形式走向破灭。

以对象物为媒介的经济破灭了，对这个问题进行救赎的是凯恩斯的经济学说。凯恩斯之前的古典经济学世界观认为，若将世界分解为自由粒子，“看不见的手”［18 世纪英国经济学家亚当·斯密在《国富论》中提出的命题，表示资本主义自由竞争模式的形象用语］会自动将世界调整到均衡状态。这是典型的对象物思维方式的时空连接方法。可是，说是时间与空间的连接，其实只是把时间这个元素抽象化了。这种思维方式的局限性很快就暴露了出来。当这种局限性以经济萧条这种极端的形式暴露出来的时候，凯恩斯如救世主般地登场了。

凯恩斯对时间提出了直接介入的方法。这时，值得注意的是，他并未试图采用计划经济的手法。通常认为，时间与空间是由“计划”连接起来的。但事实上，所谓计划只不过是时间的空间化。不过是在时间轴上设定一个“未来”的点，对其进行空间性的计划而已。介入时间这种无形的流动体，方法论的欠缺是致命的。

而凯恩斯具备介入时间的方法。他真正触及了时间。他的方法一是操纵利率［法定贴现率］，一是通过公共投资把原本属于未来的财富运送到现在。这些都是直接介入时间的方法。

凯恩斯的方法的要点是质疑对象物的独立性。他认为脱离于时间也脱离于空间的自由而独立的粒子是不存在的。商品，即对象物的价值是由利率这一时间变量连接、决定下来的。以利率为媒介能将时间与空间连接起来，因此可以通过操纵利率来引导经济。也就是说，凯恩斯认为，时间与空间的结合是可以进行设计的。

在公共投资方面，他关注到建筑及土木构造物等对象物的粒子的大小。粒子如果很庞大，脱离于时间、空间的自由粒子的假设就不能成立。生产、消费庞大的粒子，时间元素是不可能被抽象的。把时间抽象，把时间性的问题置换成空间性的问题，这样的对象物思考方式原本就不适合庞大的粒子。建筑或是土木构造物的生产需要很长时间，被消费、被接纳则要更长的时间。这里产生的延时，使建筑能够介入时间。凯恩斯注意到了建筑的这一与生俱来的延时机能。他发明了一种更加强硬的介入时间的方法，即通过提前获取未来的财富，以更为极端的方式产生延时。此外接纳、体验这些庞大粒子的主体不是个人这种孤立的存在，必须是界限模糊的群体。商品是个人的，但建筑总会创造出某种共同性。这就是建筑及土木构造物这类庞大的物质的宿命，同时也是它们的可能性的关键。如果说 20 世纪的方法是将物质与意识都分解为对象物这种微小粒子，那么处在这个方法论的射程之外、逃离最远的，不是别的，正是名为建筑的这种物质形式。

正因此，凯恩斯着眼于建筑，把对建筑进行公共投资作为他的经济政策的支柱。他想要利用建筑这一物质的庞大和由庞大产生的延时来回避对象物的危机［即经济萧条］。建筑原是最不符合 20 世纪性格的物质，现在反而为 20 世纪所需要，不得不担纲这个时代的主角。勒·柯布西耶这样的建筑师也注意到了这一点。他的重要著作《走向新建筑》概括以这样的宣言："建筑还是革命？革命是可以避免的。"就像凯恩斯主张建造大型建筑以避免社会革命，柯布西耶也为了避免革命不停地进行着大型建筑提案。其步调与 20 世纪的经济潮流巧妙地保持着一致。在大萧条以前，他是造型体建筑师。以与个人这一独立对象配套的，拥有突出形态的孤立住宅确立了他的声望。可是以 1929 年的大萧条为转折点，他的风格有了微妙的转变。1931 年竣工的萨伏伊别墅，这栋由基柱支撑、与环境完全割裂的白得耀眼的建筑是造型体住宅的最高杰作。而此后他的兴趣就转向了集合建筑及连续性的建筑。他开始对连接的建筑感兴趣了。而20世纪20年代，即使是集合住宅的提案，他的注意力也只放在个人用的单元上。1925年巴黎国际装饰艺术博览会上他展出的“新精神馆”[Pavillon de L'Esprit Nouveau]［图15］就是从他以前发表过的都市工程［图16］的集合住宅中单独提取出的一个个人单元。可是，到了1930年的阿尔及尔都市计划，集合住宅就不再被切分成孤立的造型体，那是一个无限延续的非常长的连续体［图17］。以经济大萧条为转折，他的关心从造型体转向了连续体。而他的客户也从个人变为公共事业的主体。

说公共投资挽救了经济大萧条，在某种意义上是事实。是建筑挽救了割裂型文明的崩溃。仔细分析的话就会发现，1930年前后，现代主义建筑发生了巨大的质变。转变的不仅是柯布西耶一位艺术家。现代主义整体，完成了从面向最小单位对象物的运动，到着眼于共同性的运动这一巨大的方向转变。可以说，因为这一决定性的方向转变，割裂型文明得以延续。建筑从个人对象物转向公共纪念碑，勉强使得意识与物质、空间与时间的连接取得了成功。在细小的物体离散的空间里，建筑这一庞大物质的介入，起到了消除物体之间的不均衡的作用。正如柯布西耶预言的那样，因建筑而“避免了革命”。更准确地说，对于想要避免社会革命的公共主体而言，建筑极为有效地发挥着反动装置的职能。

［图十五］

新精神馆　勒·柯布西耶设计　1925 年

但是，尽管如此，公共性建筑的局限性从一开始就已经显露无遗了。它们只不过是为了延时而存在的装置。因其庞大产生延时，它们只能以这种方式介入时间。它们只能在这种程度上触及时间。更准确地说，庞大，是制造延时的必要条件。建筑的共同性、纪念性也都只不过是为了满足延时要求的借口。造型体的形式不变，只是单纯的巨大化，时间与空间依然是割裂的，意识与物质也依然是割裂的。问题只不过是被延迟了而已。对此凯恩斯自己是最清楚不过的。当有人质问说“你的政策长远看来一点问题也解决不了”，他只是回答，“长远的将来我们都死了”。

当经济处于成长阶段，问题的延迟等同于问题的解决。因此，在20世纪，凯恩斯的政策得到持续的实行。对抗革命势力，即对抗共产主义这个摆在眼前的大命题也使凯恩斯政策得以延长了寿命。

可是，革命势力消灭后，凯恩斯政策暴露出了它的局限性，建筑这一行为也终于暴露出了它的局限性。其实比起20世纪初，比起20世纪30年代，现在，建筑的局限性是无比清晰地暴露在我们的眼前了。巨大化、丰富多样的设计，数不清的建筑被建造出来，而现在，这些巨大的造型体就像残骸一般被搁置在那里。在这些实体里，已经找不到连接意识与物质的力量，也看不出连接空间与时间的契机。建筑悲惨地衰弱了下去。而电子技术的发展加快了这个衰弱的进程。

凭借电子技术，建筑早一步找回了时间。首先，时间的直接运送成为可能。像柯布西耶那样，把时间先冻结在造型体［比如楼梯间或坡

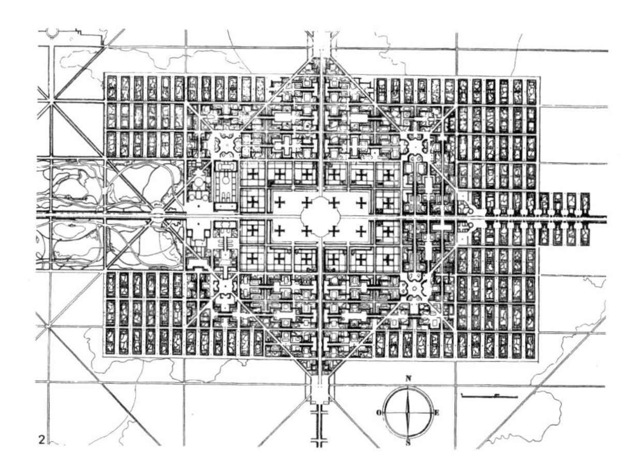

300 万人口的“现代城市” 勒·柯布西耶设计 1922 年

道那样的实体]之中，然后通过照片运送、传达的手续不再需要了。现在各个主体自由、直接地介入时间，对时间进行操作。主体不仅购买眼前的商品，也可以购买未来时间里的商品，就连未来时间里的货币、债券也能进行买卖。以对庞大建筑实体进行投入、产生延迟的方式介入时间，凯恩斯式的朴素做法未免太过间接、迂回、不够全面。电子技术让我们能够不用依赖对象物这一媒介而直接介入时间。时间已经成为和我们如此贴近的东西，成为可操作的对象，空间和时间连接在了一起。

电子技术还为意识与物质的连接也带来了巨大的转变。过去人们认为能够作用于意识的，就是有着凝聚力的向心性物质。因此造型体竞相展现出先锋前卫的形态。因为通常人们认为，拥有新锐形态的造型体会给意识带来强烈的冲击力。但是现在，人们知道，意识不依赖于物体，甚至不依赖于物质，是可以自由变化的。电子技术及药物提供了这个可能。准确地说，这个可能性的再发现，使得人们开始感到借物体介入意识太过于有限、间接、迂回了，而借纪念碑、建筑来介入意识也是非常没有效率的。

一句话，一切开始重新连接在了一起。不，应该说，一切从一开始就已经是连接在一起的。只不过，有一段时间世界仿佛是被割裂了。那是因为，在遇到自己从未接触过的异质世界时，人们产生了“世界被割裂了”的错觉。所谓“现代”，就是这种错觉时代的别称。在这

阿尔及尔城市化规划 A 方案　勒·柯布西耶设计　1930 年

种错觉中，人们发明了一种虚构的存在——物体，虚构一切主体都是孤立的物体［实际存在］，一切物质也都是商品这种孤立的物体。曾一度被割裂的 20 世纪的世界，看起来确实也是这样的。或者，人们是想用这个虚构来超越、克服世界的割裂，结果却在这个虚构的基础上对现实世界进行了重新构建。割裂的建筑、割裂的悲剧城市都是它的产物。世界被人们重新构建成了孤立物体的集合体。

这个由离散的物体集结而成的寂寞的世界，为了延长它的寿命，人们利用了建筑这一巨大的造型体。这个造型体被看作是在主体与主体之间牵线搭桥、获取共性的契机，被期待在意识与物质之间、空间与时间之间建立起联系。可实际上，在此之前，世界原本早已是密切、多样地连接在一起的了。作为造型体的建筑对于世界的连接起到的反而是阻碍的作用。有了电子技术对世界的连接，人们开始认识到建筑其实是一种阻碍。建筑的破绽、造型体的破绽，终于被清楚地看到了。

尽管如此，我们都由物质构成，都在物质中生存。我们要做的不是放弃物质，而是要去寻找取代造型体的物质形式。恢复连接，恢复连接的丰富性。至于那种割裂的状态，是把它叫作建筑、庭园，还是电脑、药物——称呼已经不是问题了。在将来的某个时候，在这个形式被赋予新的名称之前，我想暂且称之为“反造型”［Anti-object］。

第二章

流出 水/玻璃

陶特设计的日向邸旁边，就是我们的建筑用地。基地的形状也相似，是一个面向大海倾斜的陡坡。因为道路在比基地更高的位置，所以人不得不面向基地往下走。我十分喜爱这种下坡进入的方式。

通往建筑的通道有两种形式：上升通道和下降通道。置身于上升通道时，人仰望建筑。建筑突出于大地，与大地割离的人们不得不抬头仰望，景仰着它的存在，向它攀登。这是通往造型体建筑的基本形式。而当人们置身于下降通道时，建筑是隐形的。甚至有时还没回过神来就发现自己已经置身于建筑之上，将它踏在脚下了。向着脚下那个看不见的世界，人们一步步走下去。

向着陶特的日向邸，人们走了下去［图 14、18］。铺着草坪的屋顶庭园向着热海的崖壁伸展出去。就在这个屋顶庭园的下面，不经意地出现了一个不为世人所知、狭小昏暗、不可思议的空间。日向邸就诞生在这样一个没有存在感的地方。当然，人们得向着那里一步步走下去。人们很难料到，绿草如茵的娴静庭园下会存在这样一个空间，建筑“消失”了。比起那些普通的地下室和刻意而为的地下室，日向邸是一个偶然的产物，“消失”得很彻底。又因为它坐落在非常陡峭的崖壁上，不存在可以仰望的视点，不存在能够把它当作造型体来仰望的位置。从沿海岸的道路看去,也只能看见悬崖上的树木,看不见建筑。日向邸无论从上方的视点还是从下方的视点看去，都不见踪影。它消失在双重的视线中。

这个名为“水／玻璃”的项目，建筑条件也是同样的。建筑很难被看见，就是说很难呈现为一个造型体。建筑师们通常不太喜欢这样的基地。可是对我来说正相反，我非常喜欢这样的基地。唯一的例外是从日向邸回望的视角，只有站在日向邸的庭园，“水／玻璃”才展现出它的外观。对一切都深藏不露，只对陶特敞开心扉。这是因为对陶特的共鸣，也是向陶特的致敬。

没有外观，就逼着建筑师做出一个决定，就是要主动放弃形态，放弃创造一个造型体。陶特也曾在同样的地点，遭遇了同样的情况。然后，他欣然接受了。

放弃形态、让建筑消失，并不意味着使建筑与外部世界隔绝。在地下室里，放弃形态和与世隔绝是一回事，但是“水／玻璃”这个建筑，却在放弃形态的同时，也向世界敞开着胸怀。开放建筑，与世

日向邸内景　布鲁诺·陶特设计

界连接，同时又消失于无形，这并不矛盾。

建筑，本来就不可能是关闭的。我的建筑的出发点就在于此。无论怎样被墙体包围，被深埋于地下，建筑都是坐落在这个世界上、与世界相连、对世界敞开着的。重点在于怎样连接、怎样敞开。不过，这么说还是不够明确。确切地说，并非是建筑与世界连接，而是通过建筑，人类这个主体得以与世界连接起来。建筑不是脱离主体而存在的对象物。建筑是介于主体与世界之间的媒介装置。这个项目的目标就是要把建筑作为这样一种媒介装置来重新定义。而且主体与世界的连接，正是哲学这种知性行为的目标。那么，这个项目的目标可以说是通过一个具体的建筑项目来进行一次哲学实践［图 19］。

主体与世界的连接存在两种方式。一种是以框架为媒介的连接，另一种是以地面为媒介的连接。最典型的框架就是“Punched window”［在墙上开出的小规模开口。日语中一般叫作“凸窗”］。“Punched window”是一种在视觉上切取世界的装置。要让这种装置有效发挥作用，必须让主体与世界之间保持一定的距离。因为有距离，才有介入框架的余地。而另一方面，因为介入了框架，世界和主体之间就更加不可挽回地被分隔开来。以分隔为前提，框架从杂乱的环境中捡出特定的事物，排除其他杂物。框架从杂乱的世界中选出对象物，或者说，通过排除杂物，框架就成了造型体。也就是说，所谓框架形式就是造型体形式的别名。而被框架形式所定义的世界，即以框架为媒介看到、

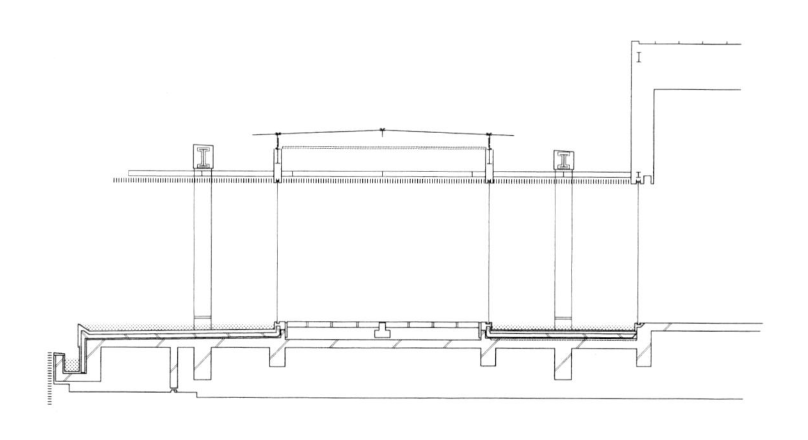

水／玻璃　隈研吾建筑都市设计事务所设计　1995 年
最顶层水面部分的剖面详图

感觉到的世界，是一个造型体的集合体。

现代建筑之前［19 世纪之前］的西洋建筑，无论式样如何，无论文艺复兴式还是巴洛克式，都是由石头或砖块层层垒砌成的构造物。“Punched window”就成了这种厚重的墙体上开窗的必然选择。因为无法做出更大的开口。文艺复兴之后的西欧绘画也都有画框，把描绘对象从周围的环境中分割开来。这也就是说，基本的形式就是框架形式，像卷轴画那样没有画框的形式是不存在的。西洋画的基础就是框架形式，这与建筑的“Punched window”形式是平行的。在这延长线上，19 世纪出现了一种新的框架——照相机的取景器。照片这种由取景器来操作视觉的表现形式登场了，并在 20 世纪成为支配性的传播媒介。可以说，框架形式一直存在于西洋的认知、表现形式的根基中，还不断地生出多种变体，再生产至今。它就是用来分割世界的装置，是造型体的生产工厂，背负着无限持续地生产造型体的命运。

“水／玻璃”实践的是另一种连接形式，即以地面为媒介的连接形式。地面形式只对主体立足的地面进行规定。如果说框架形式与西欧的“Punched window”的印象直接关联，那么地面形式就与中国及日本的传统木建筑的梁柱结构的空间构成直接关联。木结构建筑能够最大限度地回避内部与外部之间的隔墙。只有柱和梁，其间只使用开合自如的门窗隔扇。当然那里是不存在“Punched window”的。规定空间的不是“窗”这种框架，而是地面。地面支配着空间认识的形式。主体只要拥有具体的身体，就一定会归属于某种形式的地面，就一定会站在这片地面上。主体不是像神一样从鸟瞰的视点来观察世界，也不会像幽灵一样悬浮在空中。主体不是幽灵也不是神，是拥有身体的具体存在。地面形式只对这个理所当然的事实进行规定，并让人反复体会到这一点。这种形式能让人确然无疑地意识到人的存在。因此，框架形式与地面形式并非只是简单的对立。如果彻底避免框架的介入，那么最终，只会剩下孑然独立于地面上的身体。这时，地面形式自然就浮现了。

换种说法就是，一切拥有身体的存在，最终都归属于地面形式。因为拥有身体就意味着不得不立足于地面。因此世界与主体之间可能存在的一切关系，都只不过是地面形式的变奏而已。地面形式就是如此包罗万象、笼统开放。而框架形式则仅仅凭借框架这种单一有限的形式支配着世界。首先出现的是框架，然后无论是主体还是客体都从属于此形式。只要有框架的介入，世界与主体就不可能以别的关系来连接。假设主体走向世界，想要以身体为媒介进行触觉性的接触，那么介于两者间的框架也会阻止这个运动，阻断由此运动可能产生的关系。这样，世界只能作为隔离于主体之外的视觉上的客体的集合体出现。世界的多重性、多样性，以及互动性，都被框架完全削落，世界成为一个单纯、寒酸的客体集群。

这两种形式的对比，当然不仅仅是两种建筑方法的对比。这其实是两种认识世界的方式的对比。

“水 / 玻璃”是对地面形式的可能性进行的一次探索实验，把建筑的最上部设定为实验场。最上部的地面是一片平坦的水面，水深仅 15 厘米。15 厘米深的水底，贴有深绿色的花岗岩。因为有了石头的深色，水底的存在消失了，从意识中消失了，只留下一片闪烁摇曳的水面。这片水面，悠然地悬浮在海边的崖壁上。就在约 100 米的下方，就是另一片水面——海面。两个相似的平面相距百米平行存在着。于是，以这两个平面为材料，就可以进行各种实验。海面代替世界，空中的水面代替建筑。利用这两个平面，就可以尝试以各种形式对主体、建筑、世界这三个要素进行连接，相当于在自然之中设置了一个精妙的实验装置。在这里，围绕世界的各种关系性可以得到实验，各种哲学上的假说可以得到具体的验证。

自然时时刻刻在变化，赋予这个实验设备各种边界条件。一瞬间，会让人觉得上下水面完全融为一体［图 20］。主体甚至会感觉就像直接浮在海面上。这时，以水为媒介，主体与世界直接连接在了一起。从这个意义上说，海面替代了世界。这种印象，在雨天更为突出。雨天的时候，海面与天空合二为一，呈现出一片暧昧的灰色，最高层的水面也变成一片灰色。世界与建筑的一切都融合在了一起，成为分不清彼此的暧昧色块，将主体包围起来。就连固体、液体和气体的区分也消失了，一切都变幻成蓝灰色的粒子，把主体围裹起来。这时，一个

水 / 玻璃　1995 年

单一建筑无限扩张，与世界融合，与此同时，世界的一切都被压缩在了一个建筑之中，埋藏了起来。

而且，这不可思议的融合现象在瞬间就可能崩解。太阳光线的微妙变化，或微风吹起的海面的波影，都会使两片水面的融合突然崩解，这样，建筑与世界再度分裂了。在这两片水面之间，这种连接与分裂，永不停息地重复着。

这种实验之所以成立，是因为水这种不可思议的物质。水在固体、液体、气体之间进行着令人眼花缭乱的转化。水以这种形式嘲笑着我们试图对世界进行分类、分节的鲁莽尝试。此外，水还是无比细腻的接收器，水是彻底被动的。造型体总是不断以能动的姿态出现，与此相反，水是无限被动的，就连它的形态都因盛装的容器而被动地决定。对于各种环境因子，水都会被动地接受。因此，这片水做的地面就具备了接收器的功能，起到了接收器的作用。水面能够敏感地回应环境的细微变化，这时就呈现出各种各样的关系性。陶特所喜爱的桂离宫的竹台也同样具有敏感的接收器的功能。据说那个竹台是特意为赏月而设的。月光那样的微弱因子的变化因为这个竹台被放大。竹台的光泽妖娆地反射着世界的光与色，竹子与竹子间的沟隙把光线的细微倾斜放大成黑影，像这样，世界被微妙地传达给了我们。因此，在桂离宫，主体与世界之间被刻意插入了竹台这个接收器。同样，在“水／玻璃”中插入的是水面。而水比竹子还要敏感得多，被动得多。过去只能用竹子来做平台，可是现在，我们的时代拥有了用水来做平台的技术。

并不是说只要在建筑中做一个水面，就能诱发多样的关系性。重要的是，不让水面作为客体单独存在，要让水作为主体与世界间的媒介发挥作用［或者更准确地说，要让水作为媒介却隐去自身的存在］。要达到这个目的，需要三个具体的装置。

一个是控制水面与主体位置关系的装置。必须确保在主体和世界之间一直有水面的介入。建筑的平面与动线必须慎重地规划。主体必须以水面为媒介来看世界。反过来，从世界看水面的视线要彻底排除。哪怕只是一瞬间，只要有了那样的视线，连水这样没有一定形状的东西也会独立、凝结起来，化身为一个造型体，水将沦为金鱼缸一样平庸的造型体。水和世界就此被割裂开来。那时的水，就不再是连接主体与世界的媒介。一旦成为造型体，就不可能再次回到媒介的状态。造型体就是那么野蛮强悍，媒介物就是如此孱弱纤细。

基于同样的理由，从一定高度以上俯瞰水面的视点也要避免。俯瞰，又会使水面沦为存在于地面上的无数的造型体之一。如果把俯瞰的视点称为“物位”［matter level］，那么它其实就是把一切存在当作客体来认识的视角。主体站到“物位”的瞬间，就与客体分隔开来了。面对主体，客体把自己封闭起来，世界也对主体背过身去。要让世界向主体保持开放，主体与媒介必须在同一层面上。两者必须处于对等的地位，不可采取自上而下的俯视。主体与水面必须归属于同一层面。

因此，要让室内地面的位置尽可能接近水面。当然这样就出现了如何防水的问题。解决这个问题正是这个建筑在细节上面临的一个挑战。

另一个装置，是关于边缘的细节。主体会从物质的边缘来读取它的全部。主体注视物质的边缘，以图了解它的硬度、密度、张力、温度等全部信息。突起数毫米的边缘，或者说边缘上仅有数毫米曲率的曲面，都会毫不留情地暴露出物质的整体。边缘的细节，对于建筑来说就是具有如此致命的重要性。因此，在日本茶室建筑中，边缘有着决定性的意义，基于边缘处理方式的不同，日本茶室被划分为真、行、草三种形式。在西欧，建筑样式是以装饰来分类的，而在日本是以边缘的处理方式来分类的。柱子边缘是直角，还是斜切角，斜切了多少毫米，又或是切成了圆角，就是透过这些几乎会被忽略的微妙的细节处理，人们读到了物质的本质、建筑的本质。像这样具有决定性意义的边缘，在建筑中的存在不止一处。对于“水／玻璃”来说，水面边缘的细节就是这个建筑的一切。

这里有水做的平台。水面的边缘必须被突然切断。切断处绝不能有边框。正是因为突然的切断，水面才可能成为连接主体和世界的媒介。如果拦水的边框突出于水面，那么水这个物质就成了一个独立的体块，与世界分割开来，不能再起到媒介的作用了。所有的边框都是这样：将物质圈起来，把物质割断，让物质沦为一个客体。正因此，日本传统木建筑中的边廊是没有边框的。边廊的地板被突然切断，就这样搁在那里，不再作任何处理。正是这样的边缘把室内与庭园连接起来，把主体与世界连接在了一起。

用水做的边廊［平台］，在细节处理上需要比木板更为细致。水向外部不断溢出，从而失去边框，消解了清晰的边缘。溢出去的水落入排水的侧沟，再被水泵抽取循环利用［图 21］。

水不仅仅是简单的流出，而是向着海洋、向着外部世界"发散"［emanation］。"流出"这个概念，是新柏拉图主义的哲学家们提出的。新柏拉图主义从柏拉图的 Idea［即"理念"］出发，到达"流出"这个概念的过程，是非常有意思的。"Idea"是柏拉图哲学的核心概念，柏拉图认为世界是由 Idea［客体］及其模像构成的。当时，被柏拉图作为 Idea 的模像在头脑中描绘的是球、圆锥等纯粹的几何形态，也就是造型体。可是，柏拉图认为要认识 Idea 是极为困难的。他认为人类就像是被困在洞穴中、头部被固定起来的囚犯。头部被固定，所以无法回头，而在其背后存在着 Idea［客体］的世界。就像灯与人偶剧的原理，人类勉强能够看到的只是 Idea［客体］的影子。按照柏拉图的学说，Idea［客体］与主体是完全分离的，要在两者间找出连接的契机是很困难的。人们试图把世界作为 Idea［客体］的集合体来理解，以客体形式为基础来归纳世界。可是，柏拉图认为，这只会让人越来越远离现实的复杂性、暧昧性和纵深感。客体式的思考方式中潜藏的本质性难题，连当时开创这一哲学形式的柏拉图自己也早已预见到了。

为了解决这个难题，一方面产生了亚里士多德的哲学，另一方面新柏拉图主义抓住了“流出”的概念。亚里士多德提出个体形相论，试图解决客体的难题。个体形相论认为 Idea 只存在于眼前的事物［个体］之中。因为是眼前的事物，所以不会脱离主体。与柏拉图的 Idea 论，即世界是由原型［Idea = 客体］及其模像组成的理论相对，亚里士多德则通过放弃“原型”这一概念，试图将主体与世界再次连接起来。为此，他用 Eidos［“形相”，语源为“粒子”］一词替换了 Idea 的说法。这一替换，让他跳出了原型的概念。但是在放弃原型这一抽象概念的同时，“客体”一词就只能指代眼前的粒子，丧失了作为整理世界的工具的有效性。因此，亚里士多德为了整理世界不得不导入新的逻辑［比如针对“形相”的“质料”］。

另一方面，新柏拉图主义打出“流出”的概念，试图将主体与 Idea［客体］连接。Idea 是处在远处的客体，同时不停以“流出”的方式持续作用于我们。“流出”不是运动。“流出”与运动是两种根本不同的概念。运动，是在不破坏空间构架这一限定条件之下导入时间轴。牛顿运动力学就是在此意义上建立的运动的科学。而“流出”，则是因流出而流失，直至最终破灭。时间轴的导入致使空间的秩序被搅乱。空间构架自身被动摇，结果空间与时间被强行连接在一起。柏拉图用洞穴的比喻自己承认了由于 Idea 概念的导入而引发的空间割裂。承认主体［个人］不得不与客体分隔开。新柏拉图主义为了解决这个难题，

水／玻璃　溢流部分　1995 年

试图凭借导入时间因素来消除空间的割裂。

但是，亚里士多德却不承认空间的割裂问题。他认为形相已被事先植入所有个体之中，所以不会发生 Idea 与主体在空间上的割裂。亚里士多德也有自己的时间概念，但对他来说空间的割裂原本就不存在，生成［Genesis］、移动［Kinesis］也都只是在一定的限定空间内的预定的事。也就是说，这些都只是空间构架中的运动而已。这与空间和时间的连接，即“流出”是完全不同的概念。可以说亚里士多德通过否定 Idea 论，从而否定了世界上割裂的存在。如果世界不存在割裂，那么最终，哲学就只是把世界归纳至静止范畴的分类学。空间被分类，时间也被分类。这是亚里士多德哲学的巧妙之处，同时也是无聊之处。

我想作为对亚里士多德的静止式思考形式的批判，唤出“流出”的意象，以建筑的形式具体实现出来。于是我有了“水／玻璃”这一不断流出的水面的构思。我想用流出把主体与世界的分裂弥合起来。现代主义建筑基本上都是造型体，属于 Idea 型。勒·科布西耶对于球体、圆锥等纯几何学形态的迷恋，就是有力的证据。现代主义以普遍性为目标，最终着落在造型体上。现代主义摸索着国际主义［普遍］的建筑样式，结果，结论是纯粹的几何学形态的建筑设计。这是一条老路了，西欧的思想、哲学的历史就是这种故事的不断重复。这种故事的基本构图就是，通过被割裂的事物的扩散来获得普遍性。这就是西欧式的普遍性的真相。更进一步，对于造型体式的思考方式中存在的难题，当人们想以亚里士多德式的手法进行解答时，后现代主义就出现了。现代主义与后现代主义的对立就是柏拉图与亚里士多德的对立及平行。按照亚里士多德的手法，即后现代主义手法当中，一切都被分类，一切文化、一切传统都被相对化地并列摆放。当客体式思考中的难题出现时，后现代主义就会放弃普遍性，转而逃避到分类法中去。有了分类法，Idea［Eidos］与主体的距离仿佛缩短了，亚里士多德式的这个错觉支配着整个世界。

是否可能在批判现代主义的造型体形式的同时，对后现代主义的分类法也进行批判呢？能否不依赖分类法，去找到一种完全不同的普遍形式来解决造型体形式中的难题呢？这时，“流出”这种形式引起了注意。“流出”使得主体与外部世界更紧密地连接在一起，使世界更加真实地出现在主体面前。关键点在于，“流出”发生的部位是地面。我并不是说仅仅做一个椭圆形的玻璃房子就能让建筑获得解放，就能让主体和世界连接起来。对于被关在失去媒介功能的玻璃盒子里的主体来说，世界只不过是贴在玻璃上的巨大风景照而已。而“水／玻璃”这个玻璃盒子却是近乎凄惨地敞开着的，地面本应是安身之所在，而在这里却向着别的空间“流出”去了。这个时候，主体才得以和“流出”去到的那个世界接合，世界才得以脱离风景照片的窠臼。

“水／玻璃”的最上层是引导流出的舞台。这个水上的空间酷似一个能剧舞台。能剧舞台在世界的演剧空间中来看，拥有不可思议的独特个性。通常的演剧中，舞台就是世界的缩影，而能剧舞台却不代表世界，它仅仅是被安插在世界和主体之间。

通常，舞台空间是世界的缩影。而舞台的空间规模是有限的，因此人们会利用透视构图法的技术来制造错觉、制造纵深感，以此模拟现实世界的深度。西洋的巴洛克剧场，就是这种技术的代表。但是能剧舞台是没有墙壁的，是四面透空的开放空间，世界不存在于舞台之上，而是存在于舞台的彼方。在洛中洛外屏风图中，就描绘了这种开放性的能剧舞台。后来，舞台后方出现了一个名为“镜板”的墙面，还有了名叫“挂桥”的演出通道，今天所见的能剧舞台的形式是在十六世纪末确立的［图 22］。但最初那种四面透空的形式中暗藏的关系性至今并未丢失，其中体现的哲学观念也并未丢失。后来出现的那块镜板上画有苍松。因为从前舞台四面透空的时候，舞台内里总植有巨大的松树，后来就代以苍松的图画。在能剧里，舞台并非一种自我完结的事物，也不是世界的象征，舞台只是其背后确实存在的世界与观众这个主体之间的媒介。因此，能剧舞台不虚构世界，不虚构纵深感。可以说，这样的舞台原本就不会去追求深度和立体感。

巴洛克剧场中，有时会从舞台深处进一步向后设置一条逐渐变窄的通道，利用视觉上的错觉来强调舞台的纵深感。而能剧舞台从左后方以极小的角度与舞台侧面连接的“挂桥”，却没有伪造空间深度的意图。这是同卷轴画一样的形式，让左侧出现的事物向右侧移动。无

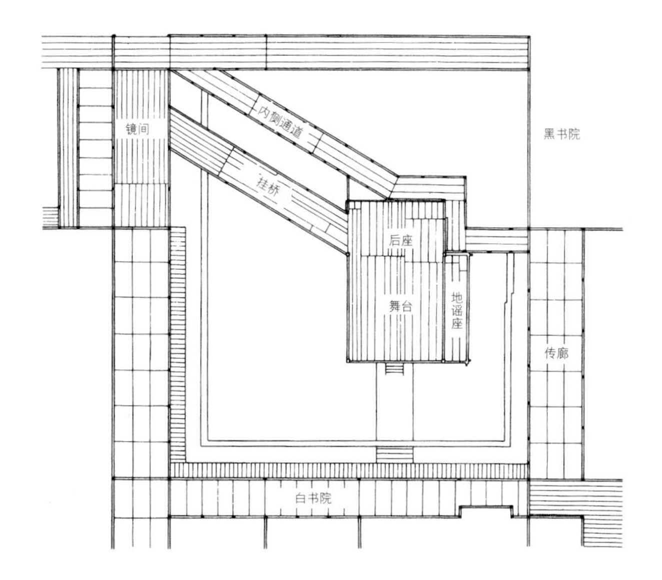

西本愿寺北能舞台平面图　1582 年

论是卷轴画还是能剧舞台，最为重要的是将时间放入到空间里去。为了这个目的，空间的进深一定要浅，让时间在平浅的空间里流淌下去。如果空间纵深过大，时间流就会混乱。因为主体会忘却时间的存在，而掉进空间的纵深里去。时间被忘却，从而产生世界就是空间的错觉。因此，空间必须彻底变得平浅。不过即使在卷轴画里，也不能彻底消除空间的纵深，如果空间的纵深被彻底消除，那就不成其为世界了。存在空间，而且是极浅的空间，这是非常重要的。因此，能剧舞台的“挂桥”与舞台绝不会是平行的。空间的纵深，就被这两个要素间如同误差般的细微倾斜维持存在着。结果，空间的纵深与时间的纵深得以共存。这应该是一种困难而充满矛盾的共存，当然不可避免地，会有无数的裂纹、缝隙产生。世界本就该是这样。只不过，通常我们总是将时间与空间分开来认识，于是忘了裂纹与缝隙的存在，甚至觉得时空的连接是矛盾的。

这种时空的矛盾，能剧舞台是通过地面这个建筑元素来解决的。因为墙壁是一种空间性的元素，而地面是属于空间与时间双方的元素。墙的存在，即使从远处、从固定的视点［非时间的视点］也容易被认知。因此，墙壁是空间性的。而地面则是随着主体的移动不断在眼前展现的，其全貌是渐渐地、随着时间的推移才展开的。因此，地面不仅仅是空间性的，同时也是时间性的。利用这种双重性，能剧舞台用地面把时空连接在一起，给断层架起了渡桥。能剧舞台最为重要的斜行地面，习惯上就被称为“挂桥”[架桥]。

地面有着如此重要的作用。为了充分发挥地面的这种作用，必须让所有观众的注意力都集中于地面。为此，能剧演员必须要彻底保持低重心。他们必须拖蹭着脚步在地面上流动般地移动，有时用足底有力地蹴踏舞台地面，地面发出的声音因舞台下放置的坛子增强了音量，在空间里回响。这声音，就是让观众把注意力集中到地面上的信号。专注于地面，使得这个看似单纯的空间产生多种的“流出”。同样，在“水／玻璃”中，规划的重点不在墙壁也不在柱子，而是地面。因此，地面本身——有时是水，有时是玻璃——使来访者的意识集中在地面上。水沿着玻璃潺潺不断地将人们的意识集中于此。

在“水／玻璃”中，有一个由曲面玻璃环绕而成的椭圆形区域 B，就像能剧舞台那样，插入主体和世界之间 [图 23]。在主体和世界之间，先是插入水面，然后在那水面里插入区域 B，接着再插入倾斜走向的区域 C。这里出现的是多层媒介的叠加。这并不是给主体呈现一个已完结的别样世界，也没有要建立、虚构一个别样世界的狂妄意愿。世界是早就存在着的。世界与主体之间，多种媒介叠加并插入进来。这样的媒介引导着流出。能剧舞台就是这样一种媒介，“水／玻璃”中的区域 B、区域 C 也是这样一种媒介。

在日本，所有的空间都是未完结的、不封闭的。所有的空间都只是媒介而已。演剧空间作为与日常相对的别样世界，同样也是未完结的。始终只是作为一个媒介，被投入自然与主体之间。重要的是，就连现在我们自己双脚站立的这个空间，也只不过是一种媒介而已。正因此，人的意识可以轻易地从一种媒介跳到另一种媒介。

能剧舞台据说表现的是彼岸，即冥界。这并不令人感到惊奇。要说令人惊奇之处，恐怕是就连彼岸，也只不过被当作一种媒介。彼岸，对日本人而言，也不过是这样的存在而已。正因此，才出现了“复式梦幻能”这样独特的演剧形式。能，分为“现在能”与“复式梦幻能”两种。“现在能”描绘的是现实存在过的人物，剧情以现在进行式推进。而“复式梦幻能”中登场的则是死者，死者与其生前的形象自由交替，时间时而停止、时而顺流、时而倒流。

这些场景的转换在能剧舞台上，利用“挂桥”的地面来表现。表演者从名为“镜间”的后台出来，通过“挂桥”，登上舞台。挂桥朝向略有偏斜的空间，表演者的移动也必然有些偏斜，这正是能剧舞台的独特之处。为什么一定要斜行呢？因为空间中封入了时间，时间之中也封入了空间。卷轴画也多使用斜线。再也找不出如此大量地使用斜线的绘画形式了。空间轴与时间轴，由于斜线的使用，奇迹般地获得了共存的可能。空间向时间的转移、时间向空间的转移，都由于斜线而得以展现。不论是能剧舞台还是卷轴画，要将时间的纵深与空间的纵深同时封入，就会不可避免地产生不连续面。这种开裂因斜线的使用轻而易举地得以克服。因为斜行能诱导“流出”。

[图二十三]

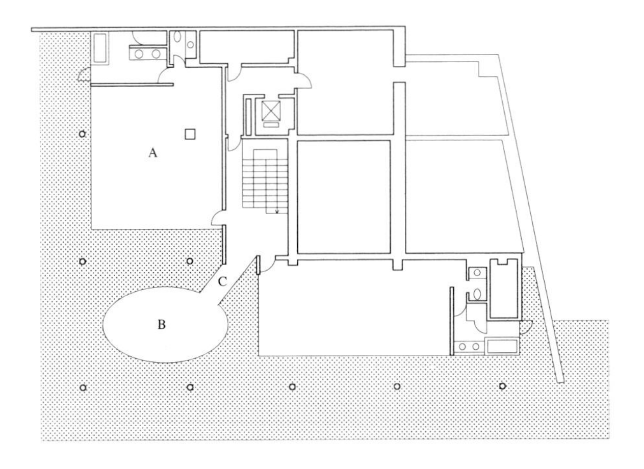

水／玻璃　最顶层平面图　1995 年

“水 / 玻璃”中的区域 B 也同样，通过偏斜的桥 C，与这一方的世界，即区域 A 连接在一起。桥意味着接合。能剧是不使用幕布的，因为那是表现这一方的世界与彼方世界的割裂，并强化这种割裂的装置。而挂桥表现的却是与这一方世界的接合。在接合处会产生无数的矛盾和开裂，因此，桥必须是斜行的。而最为重要的，仅是桥的斜行是不够的，在此之上行走的人还必须用自己的身体模拟向着大海斜行。这既是在空间中斜行，也是在时间中斜行，是用身体来证明时间与空间的分节的无效性。

我不想做那种屹立于世界的建筑，而想做那种能成为连接主体与世界的契机的建筑。造型体建筑会妨碍连接，完全透明的建筑又难以成为连接的媒介。我想做那种既是媒介又体现关系性的建筑，而且想用物质这一具体的材料来做。

当时“流出”和“透镜”的概念帮了我的忙。透镜可以连接主体和世界。它是透明的，而且对关系进行着定义。椭圆形玻璃房子的构思就是由透镜引发的。并且，浮现在我头脑中的不是玻璃做的固体透镜，而是中学时做过的那种在薄薄的玻璃盒子里封入水的透镜。因为固体玻璃的透镜本身看上去就像美丽的结晶体，已经是一个完整的造型体。而用玻璃薄板做的容器一样的透镜，则会因内外的密度差使曲光率发生变化。外部是水，内部注入空气，原本应该是凸镜形状的东西却起到凹镜的作用。这是一种极度远离造型体，让人能窥见媒介本质的透镜。“水／玻璃”这个建筑就像把这种令人怀念的透镜扩大了一般。首先，用玻璃把空气截取为椭圆形。这时玻璃容器内部的空气与外部的空气被隔断，因光线的状态及天气的变化，曲光率会有无限的变化。有时是凸镜，有时又成为凹镜，这个空间时时变化着功能。我尽可能地试图从固定及造型体的窠臼中逃脱出来。

据说哲学家斯宾诺莎的本行是打磨透镜。这个难辨真伪的传闻之所以被如此广泛地传播，定是因为透镜这个事物的存在方式与斯宾诺莎哲学之间有着共通之处。斯宾诺莎对实体［客体］是持否定态度的。这是他与早一个世纪的笛卡尔之间的最大差别。笛卡尔把精神作为一种独立实体，把物体也作为一种完结了的独立实体来看待。从这个意义上来说，笛卡尔的哲学是属于实体型［客体型］的。而斯宾诺莎则否定了实体，否定了客体。他所认同的唯一的实体是神。他认为，无论精神还是物体，一切都只是神的属性的一部分。一切都只不过是它与神之间的关系性。这样的世界观与透镜的意象是平行的。世界的中心是作为唯一发光体的神，所有的光均是由此发散出来的。精神与物体都不是作为实体而存在的，都只不过是让光透过时使其略微曲折的密度上的特异点罢了。

斯宾诺莎的理论进而令人感兴趣的是，他对于空间和时间的分节也是否定的。他认为对神而言，空间和时间的分节是没有意义的。他认为，因为把空间看作独立的存在，结果才产生了时间存在的错觉。

这个认识同样也与“水／玻璃”试图实现的时空的概念非常接近。这个建筑的出发点是试图把主体与世界连接起来。在实践过程中，我渐渐感到，仅凭借空间性的操作，恐怕主体与世界是永远也无法连接到一起的。空间与空间的连接是容易的。时间与时间的连接也是容易的。可是一旦投入了主体，要把主体与世界连接起来，那就必须要超越时空的分节才能实现。这时，以时空的分节为基础的现代科学、现代建筑规划都不起作用。因为它们都是以建立在时空的分节及造型体的独立之上的笛卡尔学说为出发点的。要否定造型体、不对时空进行分节，要连接。而且，还要具备充分的科学性。“水／玻璃”想要建立在这样的立场上。

第三章

隐去龟老山

“大岛”这个地名，散见于全国各处。这个项目的规划地——大岛，位于爱媛县今治市东北，是漂浮于濑户内海上的岛屿，面积45.5平方公里，人口一万，主要产业是橘子和渔业。其周边海域的岛屿被称为“芸予诸岛”，在濑户内海中，拥有岛屿的数量最多，被冠以了“多岛美”这一浪漫的形容词。与大岛为邻的鹈岛，据说是村上水军［日本中世时期活跃于濑户内海的海盗集团——编辑注］的发祥地，现在是无人岛。

大岛上的最高峰有一个神奇的名字，叫“龟老山”。标高315米，可以说只是一座小山丘。但在这个小岛上，它的形态仍然很醒目。我收到委托，在它的山顶上设计一个观景台。

最早一次访问现场是在冬天。龟老山的山顶，在多年前就已被水平地切掉了，而那平顶就是建筑基地。渐渐走近山顶，树木被砍倒后的凄惨情景不断映入我的眼帘。山顶的平整场地被称为观景公园,那里建有一个小公厕,人可以登上它的屋顶。人迹罕至、寒风凛冽,一派荒凉景象。

给我的要求是，在这个观景公园上建一个用来远眺周围大海与岛屿的观景台。他们希望这座观景台能成为本岛和本市的标志。就是说他们想要让这座观景台成为一座纪念碑。我拟出了很多种方案。建筑基地很宽敞，又不受制于在城市中做建筑时严格的建筑规则，对内部功能、必要面积的要求也相当模糊，几乎完全任我自由发挥。然而，从没有哪个项目像这个一样叫我大伤脑筋。无论想到什么点子、研究什么形态、试做什么模型都不对劲儿。放弃一个方案重新再想一个，还是不能满意，只是让人越来越焦躁。那个冷冰冰的观景广场的情景老是浮现在我脑际，挥之不去。

在整理思绪的时候，我不禁想到，观景台这个计划本身是不是就包含着矛盾。因为环境优美，所以在那里建观景台。但又因为要建观景台，那里的整体环境会遭到破坏。观景台的形态无论多美也完全改变不了这个事实。而且观景台的形态越美，在环境中就越发突出，甚至会让人觉得破坏了整体环境。观景台这个形式自身就孕育着这样本质的矛盾。也可以用建筑的矛盾这个说法来敷衍。比如说，正因为这里环境优美，人们才会希望在此建造建筑。或者说，为了让建筑被衬映得更好看，优美的环境必不可少。可是，为了这令人期盼的建筑的出现，环境是会遭到破坏的。

而且观景台这个形式对于建筑的矛盾，是过于缺乏自觉的。因为，观景台是用来观看世界的装置，而不是用来观看自身的装置。自己是无法看到自己的身姿的。观景台的根本，是深藏在认知行为核心里的自我中心的性质。因此，观景台不会注意到自身的矛盾。准确地说，站在观景台上俯瞰世界的人们是看不到观景台的矛盾的。或者说是视而不见的。因此，观景台、观景台式的东西被接二连三地建造出来，不断增殖。可以说，造型体所持有的自我中心的性质，在观景台这种装置中得以扩大、增殖。或者说，认知行为的自我中心的性质，通过观景台这种存在的出现，不断地暴露出来。

做了这样那样的设计，好几次将做好的方案又推翻重做之后，暂且得到的结论是：应该做一个透明的建筑。我想，如果建筑是透明的，那对环境的破坏就能减到最小。

为了消除造型体的矛盾、观景台的矛盾，恐怕只剩下把建筑做成透明的，让它消失的办法了。就这样，一个方案产生了［图 24］。

即便说是透明的建筑，目的也不在于创造一个造型体出来，而是要做出一个主体移动的场景序列，做出一个控制视线的装置。这才是本来的目的。如果从观景台这个程序里，把其自身的形象隐去，剩下的，就是登上观景台，再走下观景台的时序，以及在这个序列中展开的各种视线的运动。这个设计的目的就是做出一个没有形态、完全着眼于

［图二十四］

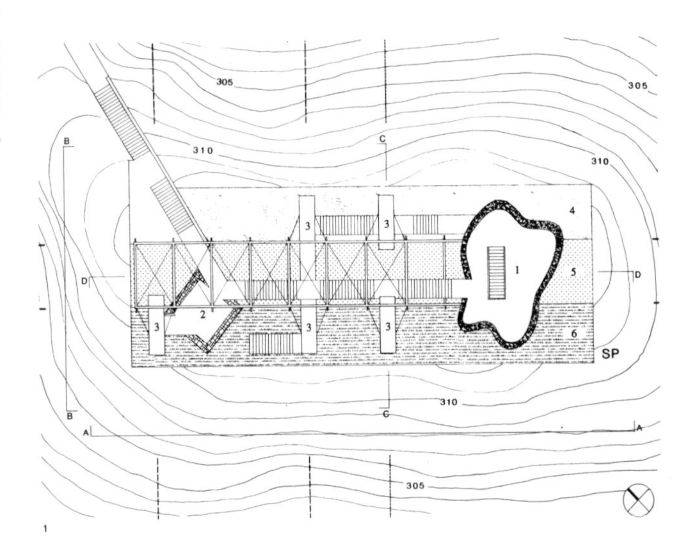

[1. 木制观景露台　2. 原有的观景台台座　3. 展望室　4. 竹林　5. 铺砂　6. 草坪]

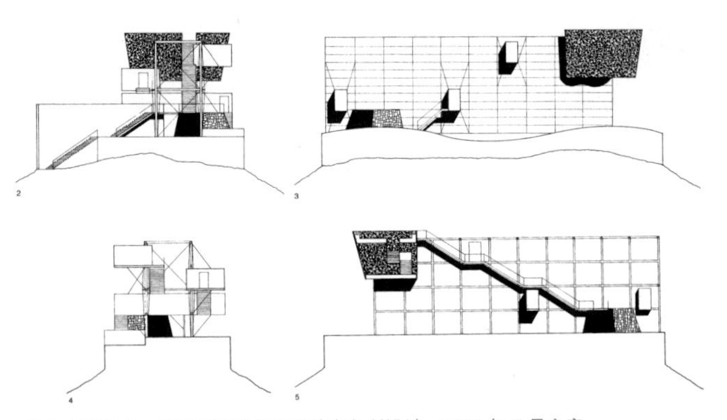

龟老山观景台　隈研吾建筑都市设计事务所设计　1992 年 7 月方案

平面图［上］、立面与剖面图［下］

龟老山观景台　隈研吾建筑都市设计事务所设计　1992 年 7 月方案　模型

运动本身的规划。可是，在山顶的广场上，任何一个物质的块体出现，都会成为杵在环境中的造型体。这可以说是这块基地的宿命了。尽可能运用纤细而透明的物质来克服这一宿命，就是这个设计方案的课题。

为了获得透明性，我首先把结构定为钢架结构。这样才可能使用比混凝土结构纤细得多的柱和梁。经过计算，柱和梁可采用假定截面尺寸为 200 毫米见方的方管。用托架［斜撑］补足强度，这样细的柱子是可以做到的。这样得到的钢架将会是足够纤细而透明的结构体。长 40 米，宽 6 米，高 12 米的长方体结构，在其两面贴上不锈钢网。这两片网面形成的垂直立面，将整个环境切分为 A、B、C 三个层面。每一个层面相对应的地面都被分别赋予了一种景观：竹林、沙滩、杂草丛生的草原。它们是这个岛屿上代表性景观的“抽样”。

整个场景序列大致就是在切分出来的三个层面中转移往返，上升下降。层面的转移，在被不锈钢网刺穿的玻璃盒子的内部路径中发生。在上升场景进行途中，突然插入直角相交的玻璃盒子，通过玻璃盒子被横切的网面，可以瞬间实现从一个层面到另一个层面的转换［穿越］。

这个装置的目的是让人认识到世界的相对性。世界不是绝对的、唯一的，世界是相对的、复数的。不作为知识，而是要让人们获得具体、切身的体验，这就是这个装置的目的。为此，这个装置将世界切分成极薄的层，主体能轻易地从一层移动到另一层。主体在层与层之间、一个世界与另一个世界之间多次反复移动的同时，渐渐地登上观景台的顶部。在现实世界中，被这样切割分层的浅薄空间是很少见的，因此很难实际体验到世界的相对性。而在电脑虚拟空间里，浅薄的空间是很常见的。在层与层之间快速移动是虚拟空间最具魅力之处，而使之成为可能的关键正是空间的浅薄性。电脑游戏一直以来所仰仗的，就是这样一种魅力。在现实的空间中导入虚拟空间的结构和速度，是这个方案的主题之一。

空间即便浅薄也是丰富的。因为每个空间都不是封闭的，是对外面的世界、外面的自然打开，与它们连接在一起的。就是说，空间不是完结型而是媒介型的。所谓媒介型，就是主体通过这个空间与外部的空间连接在一起。这个方案的基本形式是做出三个媒介型空间A、B、C，让它们叠加、构建出层次。从一个层到另一个层的移动，意味着主体与世界的连接形式的变化。站在不锈钢网的内侧还是外侧，这仅有几厘米的位置变动，就会使人与世界的连接形式发生变化，世界也会以完全不同的面貌出现在人眼前。隔网望去，轮廓模糊、暧昧，印象派的濑户内海，一下子就会转变成有着明确阴影及轮廓的地中海世界。完结型的空间是不会出现这种变化的。要在完结的空间中表现一个世界的话，必须要把空间彻底“做”出来。结果空间变得厚重，移动到其他空间的速度变得极为缓慢。媒介型，使得把空间彻底切薄成为可能，空间之间的迅速移动也成为可能。这样就能让人实际感受到世界的相对性。就是说，可以确认，随主体定位不同，世界有可能呈现任何的面貌。通过这个过程，把人们从单一、绝对的世界的束缚中解放出来，使之获得自由、轻快、相对的世界成为可能。

在内藏着各种层转移〔穿越〕、通往山顶的场景序列的尽头，是用植物构成的不定型的形体。具体而言，这是一个由植物笼成的网，其内部是空洞。在上升场景的最后一幕，主体被不定型的形体所吞没。在其内部的黑暗中丧失了一切方向感，进而反转至下降场景，朝着地面下行。支撑绿色形体的钢架结构体很单薄，几乎呈现为透明。结果给人一种一小块森林悠然浮在空中的视觉效果。这成了这个工程中唯一的造型体。这个构思否决了各种人工实体，而保留了唯一一个对象——自然。我认为这里有一个决定性的反转。通常，人工物总是以自然为背景，好通过与之对比，让自身作为一个形象，或者说是一个对象物，凸显、独立出来。古典主义的建筑依据的就是这种图式。希腊—罗马以来，建筑这种人工物一直利用这种图式获取高于自然的优越地位和特权性，为人们所景仰。但是在这个工程中却相反，自然这个形象，被作为“地”的人工物所支撑，并凸显出来。这个反转其实就是对传统的自然物与人工物的角色分配的对比，以及其支配结构进行批判。

然而最终，这个方案被放弃了。原因之一是对透明性的怀疑；另外就是对这个方案所包含的批判姿态的怀疑。

要将建筑实体隐去，有两种办法。一个是让它透明，另一个就是将它埋藏起来。运用玻璃等透明素材来隐去建筑的做法就属于前者。

然而，只要用上玻璃、网等素材，建筑就会隐去，这样的想法，只不过是简单的想当然，常常只能以设计师的自我满足告终。相反，很多玻璃建筑，常常以威慑力十足的造型凸显在环境里。选择素材之前，很关键的是，建筑是如何被安放的。在这块基地上最应注意的是，山顶已被水平地切掉，已预备下了完美的台座。有台座，就会有造型体出现。因为立在上面的任何东西都会沦为造型体。台座上的任何物质、任何形态，无论怎样慎重地安放，建筑还是会不可避免地出现。大部分的现代艺术就是因为依赖着台座的生成作用，而显得十分无聊。夸耀便盆变成了造型体——跳不出这样的方法论，所以很无聊。

无论什么东西都能成为造型体。这里丝毫没有值得夸耀的地方。不如说，要紧的是怎样去回避造型体。运用透明素材，将基地这个台座上矗立的建筑隐去，进而让作为对象物的自然［绿］悬浮在远处的空中。这个方案的意图就是以此来批判台座，对建筑的生成机制本身进行干扰。但是这个方案并没有否定台座本身的意图。在这干扰行动的过程中，台座始终是作为前提条件存在着的。在这个意义上，这个方案是批判性的，同时也是保守性的。批判性常常就是这样与保守性勾结在一起。可是，如果能够将“作为台座的山顶”这个前提条件也反转了，对于否定造型体这个目的，不是比透明化和干扰的方式更具有决定性的意义吗？就这样，我们放弃了几乎完成了深化设计的透明化方案，向着“埋藏”的方向出发了。

埋藏，并非简单地将建筑埋进土里。埋藏，是将建筑的存在形式反转，是将造型体，即自我中心型的存在形式反转，探索凹陷状的存在形式、彻底被动的存在形式的可能性。将既有的存在形式原封不动地掩埋起来，不叫埋藏，那只是建筑的消失。

首先，出发点就是将山顶的地形复原。具体操作是在既存的山顶广场上建造剖面形状为“U”字形的混凝土结构体，在两侧堆上泥土、栽上植物［图 25］。结果山顶的地形恢复，其顶部出现一条缝隙，就是细长的采石场般的观景台［图 26］。当然，这恐怕已经不能叫做“台”了。观景“台”被反转，成了观景“孔”。

其间花费了最多精力的是栽种植物的方法。令人担忧的是，树木若不能迅速扎根，垒土就会因雨水流失。那样一来，山顶的修复根本就无从谈起。我们首先用焊接钢筋按压住垒土，然后在上面撒上复原植被所需的树种。种子若只是撒上不管的话也只会被雨水冲走。我们把种子、肥料和防止种子流失的线绳混合成黏糊糊的溶液，然后喷射在土表。这样即使是在坡度很陡的垒土上也可以进行植被的复原。

面向天空，这个孔洞是完全开放的，其全貌显露无遗。但从地面上看起来，孔洞就消失了。仅仅是在山体的表层切入了一条薄而锐利的缝隙［图 27］。在这里很难看出建筑实体。很难看出实体，也就是说看不出“纪念碑”。我们原本被要求的是建造这个岛屿的纪念碑、镇的纪念碑。所有的公共建筑上都会被倾注这样的期待。能很好地满足

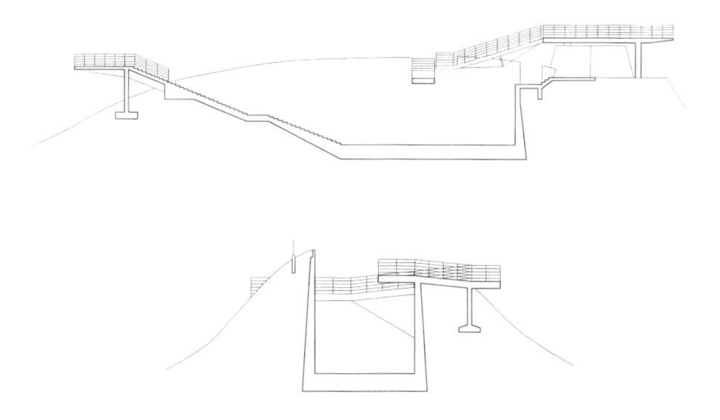

龟老山观景台　1994 年实施方案　长、短边剖面图［上］、模型［下］

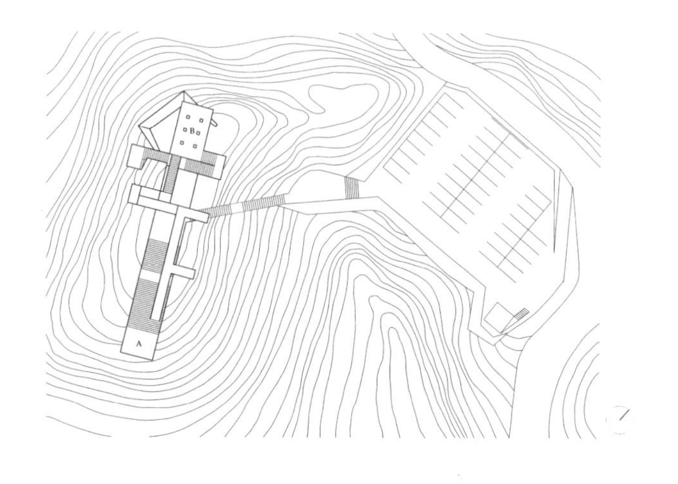

龟老山观景台　1994 年　空中鸟瞰全景图［上］、全景［下］

龟老山观景台　1994 年
从露台 B 向 A 看过去的景色［上］、入口处的裂缝［下］

这种期待，被认为是建筑师应该具备的能力。可是，在这里看不到纪念碑。龟老山本身不就是纪念碑吗？这里的自然不就是纪念碑吗？我认为，它们绝对是值得尊敬的纪念碑。因此就对山进行了修复。我想要借建设观景台之名，行山体修复之实。

观景台这个名称，与潜行于地下的通道——面对这两者之间的落差，人们愕然驻足。身体仿佛将被挤扁般地穿过高高峭立的裂隙，上方的天空忽然打开，人就站立在了地底广场般的地方［图 28］。天空是开放的，但三面有高耸的崖壁，一面是巨大的台阶。所见，唯天空而已。越来越不明白，这里怎么会是观景台呢？朝着天空，沿巨大的台阶拾级而上，在台阶的尽头，视野豁然开朗。正对面出现的是濑户内海诸岛的群像。到此时才知道为什么叫作观景台。巨大台阶尽头的这个场所是露台 A［图 29］。

从露台 A 通过贴着桧木板的窄桥折回。窄桥连接着露台 A 及处于其相反方向顶端的露台 B。以木材建桥，是因为建的是“桥”，是为了确认这是一个用来连接的事物。自古以来，在日本的宗教空间中，神圣的存在是自然本身，比如三轮山这座山本身。而人工的东西，是用来连接那些神圣的存在与人这个主体的。人工物只允许被用作媒介。桥自不必说，就连神社也不是自身完结的东西，原本只是连接物而已。连接物不能用厚重的、完结了的物质，而必须用轻而弱、会随时间风化而去的物质，即要用经过加工的木材来建造。最常用的就是桧木，馨香、淡白、纹理轻快，自古以来被奉为木材中的圣品。

这个形式，在这里也被沿袭下来。这个观景台装置，是连接主体和自然的东西。这里存在着一连串层层分级的场景序列，通过置身于这一序列，主体得以向自然这个精巧构造的深层，小心翼翼地、一点一点地建立起连接。神社的最深处，有圣山、神殿、台阶，还有去往神殿的通道——桥。伊势神宫里，五十铃川的宇治桥就是这样的例子。龟老山的最深处，是自然。正对着这自然，有露台 A 与露台 B 这两块以打磨过的花岗岩铺就的神圣的地面，有通向那里的台阶，还有木制的桥。

过桥，到达露台 B。露台 B 被设置在这个观景台的最高处。这一高度的设定，表明这个场所位于这一系列的装置所生成的等级系统的最深处。也就是说，主体渡过桧木桥，依序从一个媒介到另一个媒介，一路走来，最终踏上这片神圣之地［露台 B］，之后必须利用木桥及坡度很陡的台阶，突然回到地底的广场。我认为有必要在露台 B 里设置这样的装置，造就反转的契机。就像神社空间的最深处安设的镜子那样，我认为，拥有将主体“反弹”回去的反射功能的装置是必要的。

在露台 B 上，放着 6 个“箱子”［图 30、31］。充当椅子的箱子与其正对面的监视器的箱子组成对，一共三对装置放在露台上。镜子一样地将视线反弹回去，将主体反弹回去，让主体受挫。

人坐在第一组装置上看监视器，整个露台 B 尽收其中。仔细看，

【图二十八】

龟老山观景台　1994 年　底部的广场和大台阶

【图二十九】

龟老山观景台　1994 年　从露台眺望濑户内海

［图三十］

龟老山观景台　1994 年　露台 B 上面的装置

为解析"视"之含意的设备

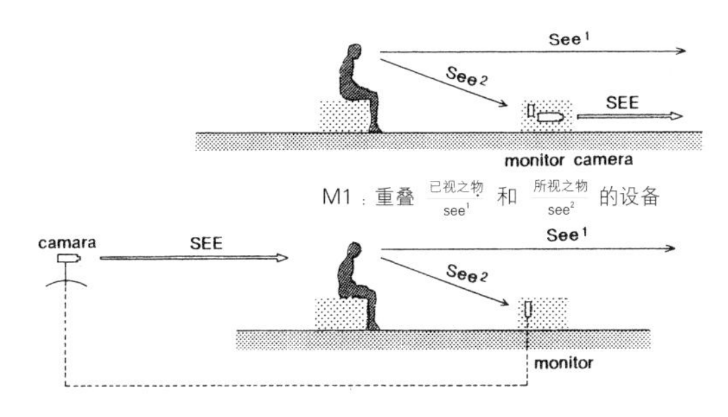

M1：重叠 已视之物/see¹ 和 所视之物/see² 的设备

M2：将视者以已视之物和所视之物往相同方向重叠的设备

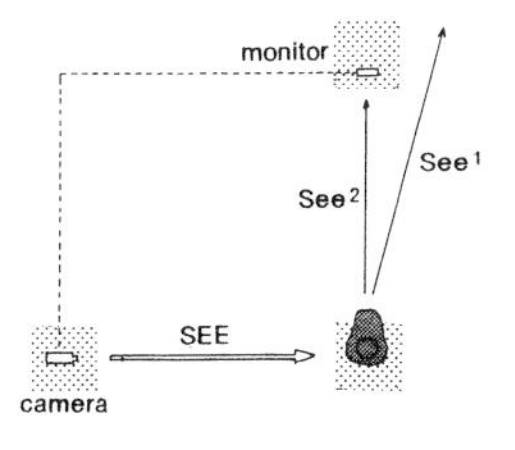

M3：将视者以已视之物和所视之物错开 90° 后重叠的设备

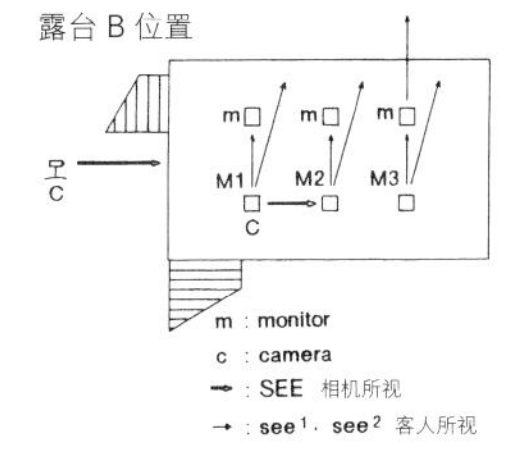

露台 B 上面三对装置的示意图 1994 年

坐在石箱子上的自己也被摄入其中，产生不经意间被人偷窥的不快感。想搜寻相机的踪影，而藏在树荫里的相机并不容易被找到。

在第二组装置那里看正对面的监视器，会看见正稍稍凝视着下方的自己侧脸的大特写。想要找出摄像头，还是不太容易。要发现邻座椅子下的小孔得花费不少时间。

从第三组装置的监视器里一看，正对面森林的图像被摄入其中，与自己眼前所见的森林景色完全相同。但是，肉眼和摄像机捕捉下来的画面，颜色有差异，分辨率也不同。那是通过固定取景框将世界明快剪切出来的摄像画面，与不受取景框的限制、只有焦点的肉眼中的世界的差异。再次搜寻摄像头，还是找不到。摄像头吊挂在露台 B 地面的下方，绝对不会被发现。

这三组装置是同一个目的。让"看"这个行为的特权性解体。神社中的镜子的目的与此相同。主体想要寻求点什么，过桥、登"台阶"，最终来到神殿深处，还想要寻求更多，于是再往里窥看。然而，视线被巧妙地反弹回来。视线并不只是遭到遮挡，而是不能再去看更多了。镜子残酷地告诉人们："看"这个动作是非常不完全的，不仅仅是不完全，那完全是一种以自我为中心的行为，只能是一种自我参照而已。

三对装置都使用电子技术，将视行为的不完全性暴露出来，将视行为的特权性反转。通常，主体会有一种错觉，觉得通过观看在支配着对象。主体会错觉视行为拥有这种特权，能在主体和对象之间生成支配和被支配的关系。然而，观看同时也意味着被观看的可能性，支配性的视线常常遭到残酷的反转的可能性的威胁。

电影导演黑泽明在《天国与地狱》中，曾揭示了这种反转的可能性。横滨某处高台上的资产家大宅中，一个男孩被诱拐了。这家的房子有着巨大的玻璃窗，俯瞰视界超群。诱拐犯打来电话："孩子在我手里。你看不见我的。你现在在干什么，我这儿却看得一清二楚。"高台之上，下方的一切尽收眼底，本应处于支配地位的视线，却突然陷入了危机。观看行为的特权性被毫不留情地完全反转了。

黑泽明并不仅仅是在揭示观看行为的内在危机。黑泽明所展示的，是建筑这个存在自身的矛盾和危机。高台上的宅邸，是典型的造型体。在高台这一台座上，建筑凸显、独立出来。因此，黑泽明才选择了高台上的宅邸作为建筑的代表。

宅邸，是资产阶级欲望的产物。他们有着想要俯瞰世界的强烈欲望，作为实现这一欲望的装置，就在高台这个基坛上建立了房屋这个造型体。房屋上设置巨大的开口，嵌入玻璃。这样一来，他们就产生了通过"观看"，首先将眼前的自然，即"郊外"置于支配之下，进而支配了整个世界的错觉。

与此同时，资产阶级也希望得到世界的瞩目。作为自身的感性、自我，以及财富表现的宅邸，被建在高处，这是希望将它暴露于人们的目光之中。也就是说，他们在观看的同时，也渴望着被观看。而且，他们发现，能让这双重的欲望同时得到满足的，是造型体这一存在形式。结果，20 世纪成了郊外住宅的世纪，成为彻底为郊外住宅这种建筑形式所支配的时代。这种建筑在各个山丘上，以异乎寻常之势不断增殖，支配着 20 世纪的景观，而且还构建了这个时代政治、经济的基本构造。

然而很快，他们就看出来了，郊外住宅并不是那么宜人的形式。那些被认为是满足了双重欲望的事物实际上只不过是充满了矛盾的块体。因为只有当它们单独屹立在山丘上的时候，人们的愿望才能获得保证。这时，建筑以“观看”来支配世界；凭借被观看，向世界显示自己。这些建筑一旦以复数出现，这种幸福的一致就会顷刻间崩溃。主体能看见的风景不再是世界，也不再是自然。从那里能看到的，只有其他主体修建的丑恶的造型体“邻宅”而已。山丘上可悲的主体被这副仪容压倒，对它的异变感到厌恶。立在此地的所有建筑，不仅是外观，甚至连内部的各个角落也长久地遭受着不特定的邻居们的窥看与监视。这就是主体的复数性的宿命。《天国与地狱》的悲剧在郊外并不是一个特例，而是在任何地方都可能发生的日常事件。本应让双重的欲望获得满足的两面性的虚构，瞬间就粉碎了。暴露出了山丘上建筑群的不幸与不安定性。

这种状态，比福柯［Michel Foucault］探讨的圆形监狱的样板模式更为悲惨。圆形监狱是英国法学家边沁［Jeremy Bentham］构想的监狱系统。沿这种监狱的一周设置无数的单人牢房，在中央的塔楼上，能够对所有的单人牢房进行监视。福柯把这看作是现代的管理社会的一个样板。而在建筑乱立的郊外，管理社会的体系正以更为彻底的、更隐蔽的形式运行着。在福柯模式中，只需破坏掉中央的塔楼。而在郊外，所有的建筑被一个不剩地肃清之前，是无法从圆形监狱逃脱出来的。

并不是只有郊外的建筑才会遭到这种不安的袭击。以造型体形式存在的所有建筑都具有这样的不安定性。那么，怎样才能克服这种不安定性呢？方法之一，不是被诱拐，而是实施诱拐。通过诱拐，来彻底地揭发造型体的不安定性。黑泽明提示的不是诱拐的危险性，而是实施诱拐这个解决办法。诱拐，对于有可失的存在，才是有效的手段。而对于没有东西可以失去的人来说，是毫不奏效的。对于孩子被拐走，反而庆幸少了一张嘴吃饭的家伙来说，这种办法是无效的。所谓造型体，其实就是可失物的象征。有可失的人，建造住宅，天真地向社会表明自己拥有可以失去的东西。实际上，住宅这种建筑实体正是他们倾注了一生、无可替代的财产。正因此，必须实施诱拐，诱拐是有效的。

面对诱拐，通常资产阶级的做法是以支付赎金来解决问题。这种解决方法，类似于建造透明的建筑。两者都属于遭受造型体的批判后妥协式的投降。即便是把建筑做成透明的，也还是无法改变其为造型体的事实。由于透明，建筑进一步处于更彻底的监视、更彻底的支配之下。因此，诱拐犯在取得赎金后，会理所当然地要求更多。就这样，建筑越来越透明化，而“失主”则被一步步地穷追紧逼下去。

重要的是不拥有可被诱拐的东西。也就是说，不拥有造型，彻底赤贫，彻底回避造型。接着反过来，自己得去实施诱拐。龟老山的观景台，就是以诱拐为目的设施。那里所幸有着美丽丰富的自然。要引诱人们，没有比这更好的诱饵了。观景台就是为了让诱饵看起来更具魅力而设计的辅助线。它本身并不成为对象，而是让它彻底地成为辅助线。人们被引诱至此，从裂缝到广场、从广场到露台，被一路诱导过来。在最后的露台上，必须清楚地告诉“拥有者”:“你看不见我的。你现在在干什么，我这儿却看得一清二楚。”就得像这样彻底恐吓“拥有者”，彻底威吓造型体。

第四章

根少化 森林舞台

这次受到委托设计一个能剧舞台。

场地在宫城县的登米町。这是位于仙台以北70公里，北上川畔的一座小镇。美丽的水田在眼前展开。关于“登米”之名的由来，有说法认为是稻米丰产之意，可另一种更有力的说法是，它是由“远处的山”——“远山”的发音变化而来。这里自江户时代起就是稻米产地，曾经作为两万千石登米伊达家的城邑繁盛一时。明治以后成为北上川的船运中心，有一个时期水泽县政厅［县政府］也曾设在此地。因此，江户、明治时代的优秀建筑遗产、优美的街道留存至今，被称为东北的“明治村”。然而事实上，现在这里是一个只有六千人口的萧条小镇。

这是一个有着多种文化传承的小镇。其中人们引以为荣的，是自伊达政宗以来拥有400年历史的“登米能”。

政宗喜爱能，将喜多流和金春流［日本能剧的两个流派］加以改革，开创了被后人称为“大仓流”的独特流派——金春大藏流。大仓流也被引进登米，成为登米能的原型。东北地区原本就是能的繁盛之地。日本西部的地方能，是有着狩猎系传承的艺人培育流传下来的。而东部地区的能并非由专门的艺人，而是由村民传演至今的。一般认为，在登米，远远早于政宗公之前，村民们就传承下了某种形式的能，在这个原型的基础上，加上了大仓流，就形成了今天登米能的基本形式。演员不是专业艺人，是村民，这个表演传统延续至今。登米谣曲会拥有七十名成员，能的表演就由他们进行。业余团体表演的能，现在，宫城县里也只有这个小镇了。在登米，日常的仪式也是伴着谣曲进行的，能深深地渗透到了人们的生活中。据说就在不久之前，走在大街上也能听见家家户户传出唱谣曲的声音。虽然能与当地人的生活关系如此密切，但登米却没有可以称得上是能乐堂的设施。市民们想要拥有专用的能剧舞台的夙愿，成为这个项目的发端。

尽管如此，这个小镇的财源却有限。有保证的建设费只有一亿九千万日元。通常能乐堂的建设费在五亿到十亿之间。我们的设计工作可以说几乎都是在和有限的预算作斗争。

其实建设费充分的工程是极少见的。所有的设计工作都是设计上的理想与现实预算的斗争。但是，登米这个项目与其他项目情况多少有别。通常，设计理想和现实预算是对立的。建筑的出资方和设计者都期待开阔又丰富的空间、巨大而气派的建筑。然而预算总是有限的，就产生了一种对立的图式——理想与预算、梦想与现实的对立图式。可是，登米项目存在着完全不同的形式，这一点，渐渐明晰了起来。

这个图式与能剧舞台的特性有着很深关系。并不要把空间做到最大，相反，要让它最小化，使用物质的量也要极少化。这些在能的空间构成上，被认为是极为重要的。或许，物质的极少化才是能剧空间的目的所在，我想到了这一点。如果是这样，设计目的与预算现实就一点也不矛盾了。梦想与现实长久以来互相对立的构图也就消失了。甚至，越是彻底地追求理想，越是接近现实。越是靠近梦想，实现的可能性就越高。不过，这也并不意味着设计的困难就此不存在了。在设计上花费的时间与精力是通常情况下的数倍。不过至少这个困难不是理想与现实的对立。超越了理想与现实两者之后，在一个新的平台上，剩下的是设计上的困难。我体验到了这样的过程。

在以物质的极大化为目标的时代里，设计的困难，在于理想和现实以对立的形式存在。要解决这一对立，只能依赖妥协、调停等方式。但是，假设存在以物质的极少化为目标的文化，设计的困难一定会以别的形式出现。解决方式也得采取其他形式。这不应是在两项对立之间寻找折中点，更应像理想与现实携手登山的图景。两者都必须摆脱那些身外之物。只有排除重量、负荷，才能浮向上一个高度。这是解决问题的新形式，也是困难的新形式。登米的项目就是面对新型困难的一次实践。

当然，物质的极少化的思想与能这种演剧有着深层的关联。而物质的极少化与极简主义则是不同的概念。极简主义是形态的单纯化、抽象化，这里并不存在对物质本身的嫌恶。在现代主义中，即便包括了极简主义，极少化的成分也很少。而能的本质中有着物质批判、对现世的批判。因此，在能剧中，经常有死者的灵魂登场。在世阿弥完成的“复式梦幻能”这种形式中，登场的人物几乎全都是死灵。这里所说的“复式”，是死者的时间与生者的时间共存的复式。通过死灵，对现世进行批判，对构成这个现世的素材——物质进行批判。这就是能的精髓所在。这种物质批判与观阿弥、世阿弥父子所信仰的净土宗的一支——时宗的教义相通。时宗的要旨是：以平生为临终，念佛修行。

可是，能剧演员当然拥有现实的肉身，能剧舞台也是由木、瓦等物质构成的。利用物质，同时也批判物质。这其中存在着能的悖论，也蕴藏着能的奥义。遗憾的是，在宗教中这一悖论无法得以彰显。通常人们认为宗教的核心是言语的说教。因为人们误解宗教是与物质隔离的心灵世界的问题。但人们忘记了物质若不存在，心灵也无从谈起。因此宗教容易沦为凭借文本来进行物质批判的枯燥形式。而在演剧中，这个悖论就不得不显现出来。因为演剧是不可能仅凭文本就存在的。只有在舞台这个现实空间里，通过具体的演员的身体，文本得以实体化的时候，才能被称为演剧。在演剧中物质的使用是不可避免的。因此，演剧中才可能出现用物质进行物质批判，自己伤害自己的肉体这种充满紧张气氛的行为。而物质的极少化就是这种悖论式的物质批判的别名。

那么，能是怎样来对物质进行批判的呢？

一种手法是让一切降低。让物质也实际降低。在能的空间及能的演出中，最为重要的就是降低重心。物质通过被高高树立、被高高举起，来肯定自己的存在，进行有力的自我主张，从而陷入造型体的存在形式中，突出自身。因此能剧中，一切都要“低”。低低地压着，极力排除那些挺立起来的东西，最终就只剩下了地板。因此地板这个部位就显得格外要紧。

能剧演员把重心彻底降低，行走、表演。这种独特的行走方式，被称为“南蛮”，其原型被认为是在水田中行走时最合理的动作。但是，从被狩猎人传演至今这一点看来，能的低重心是很难仅以水田耕作来解释的。为了追求低重心，能演员“南蛮”而行，脚底擦着地面，身体低陷。

能剧空间追求的也是“低”，是回归地面。极端地说，能剧空间仅由三块地面构成。一块是被称为“舞台”的三间［间，日本计量单位，一间约合 1.8 米］的四方地板，一块是名为“见所”的观众席，还有一块介于两者之间、名为“白洲”的用白色鹅卵石铺成的地面。舞台，是死灵的空间，是冥界。“见所”是此时此地的现世。“白洲”是为了划分这两个区域，在两者之间形成决定性的分割而存在的。三块地面，承载三种功能。这就是能剧空间的全部。一切都在与地面无限接近之处，像在地面攀爬般地进行。观众将意识集中在贴近地面的地方。为了让观众把注意力集中于地面，进而再强化这样的注意力，演员会跺踏地板发出响声。为了让这响声发生共鸣，在空间里回响，能剧舞台的地板下排放着坛子。所有的设计和机关，其目的就是要将人们的意识集中于地面，让演剧的重心下降。没有人会抬头去看舞台的屋顶。也就是说，屋顶不是被看的对象，不是造型体。屋顶只是为了防止舞台遭受风雨侵袭，并将其包裹在黑色阴影中而存在的。死灵是不可以沐着光熠熠生辉并独立存在的，必须沉入屋顶造就的黑色阴影之中。仅凭“白洲”反射上来的微弱光线，让其身姿隐约可见。

然而，到了明治时代，这样的构成被破坏了。明治十七年，东京的戏剧界出现了名为“红叶座”的室内型能乐堂。这种不论晴雨季节都可以上演的剧场形式，旋即成了能乐堂的标准形式。

室内型能乐堂，是围绕舞台设置椅座，将包括舞台和观众席在内的整个空间都以巨大屋顶覆盖的建筑。这种建筑形式的确摆脱了天气的局限，但是作为代价，又丧失了很多东西。其中之一就是低重心。为了从上方将舞台的顶棚也覆盖住，能乐堂不得不被建造成高屋顶的巨大建筑。能乐堂自身作为高重心的造型体，与环境切割开来。舞台的顶棚也成为一个造型的一部分，在剧院高大的室内空间里居中屹立。更致命的是，“白洲”消失了。为了安放更多的观众席，“白洲”的空间被压缩，成为不到一间宽的铺着鹅卵石的通道状空间。这样，在舞台和名为“见所”的观众席之间，定义“他世”和“现世”的最重要的空间，被轻易放弃了。“白洲”这个切断“他世”与“现世”的能的中心空间其实名存实亡。

对以红叶座开始的 20 世纪的能乐堂进行批判、反转，这是登米能乐堂的目标。这时，能乐堂的“堂”这一汉字的使用成了产生误解的原因。“能乐堂”这个名称让人联想到一个完结的、封闭的建筑。也就是让人联想到造型体。然而我们的目标既不是造型体也不是建筑物，我们只要三块地面，不经意地放在自然之中，只是一个庭园。

登米町提供的土地是萌生这个构想的起因。这块地隐没在美丽的山林里，林中有座荒废的小屋。我感到，在这座小屋的原址上放上三块地面，这样直接就成了最好的能剧空间。地面要对森林敞开，无需任何墙壁。也不需要建筑这种完结的形式［图 32］。

至于具体的设计工作，与其说是建筑设计，不如说更像一个庭园、一处景观的设计。首先，在这片景观里放上舞台和“挂桥”，这二者一体成为能的演出空间。然后，在这正对面放上“见所”，就是观众席。“见所”是用榻榻米铺的地面。树林中，如果像这样只有地面存在，那是很理想的。尽管如此，还是不得不考虑挡雨的问题。于是我们架设了屋顶。“见所”的屋顶如果做成舞台那样很陡的斜面，那这个屋顶本身就会作为一个造型体从环境割离，“见所”就会沦为客体。而“见所”是不可以成为客体的，因为它是观众——主体的所在。为了避免成为客体，我们尽量把屋顶做薄、放低。结果得到的“见所”，看上去几乎成了现代主义设计的样子。仅由地板、天花板和起支撑作用的最少限度的柱子构成。四周是透空的，只在必要时用可拆卸的隔扇进行封闭［图 33］。

死灵起舞的木地板，生者所在的榻榻米坐席。在这两种对照性的地面之间，隔着第三块地面——“白洲”。这三块地面都对景观敞开着。这样，人们任何时候都可以接近这三块地面。与红叶座型、20 世纪型的室内能乐堂的最大区别就在于此。红叶座型的剧场在演出之外的时间，原则上是关闭的，人们不能自由进入——所谓文化馆的建筑都存在这个问题。本应是“公共”的空间却根本不开放，与地域割裂，根本不具备公共性。这种封闭性可以说是建筑这种存在形式的宿命。

我想提示一种代替这种封闭的新的形式。登米的能原本就是村民的能，不是与日常生活割裂的演剧能，是处在日常生活延长线上的能。

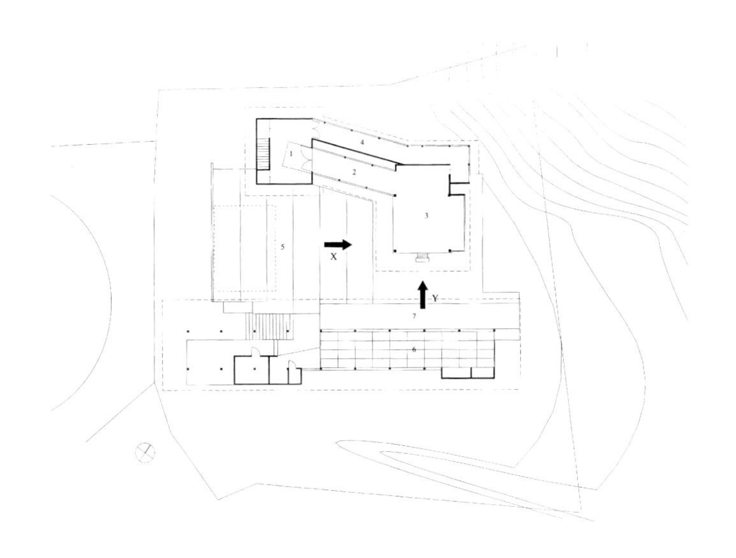

森林舞台　隈研吾建筑都市设计事务所设计　1996年　一层平面图

［图三十三］

森林舞台　1996 年　从舞台向观众席望过去

这样的能所上演的场所，如果与小镇是割裂的，那是很不自然的。

首先，我除去了建筑这个遮蔽物。这样任何人都可以随时接近这个能舞台。人们像漫步在庭园里一般在舞台周围游逛，还可以深入森林。望着没有演员的舞台，闭上眼睛倾听森林的声音，想象着以往在这个舞台上上演过的和将会上演的能剧的情景。

除了空间的开放性以外，我还想再多做些什么——让铺着榻榻米的“见所”作为文化馆向居民开放。学习茶道、舞蹈，唱卡拉OK的场所，居民们提出了多得整理不过来的要求，还想让后台也不仅限于能演出时使用，平时晚上作为谣曲会的练习场所，白天则作为能资料室，将谣曲会保存的能面、能演出服在此展出。空间虽小，但这个资料室的作用很大。来访者先在此接触了登米能的历史片断，然后再来到舞台周围游逛。人们因为那些小片断，在没有演员的空白舞台上，想象出登米能的情景。在这里，所有的屋子都对应着复数的功能。不是一个空间就对应一种功能，一个空间要对应多种功能。这种复合式的空间利用叫作“Cross-programming”。Cross-programming与空间的开放，通过这两种作业的并行，就有可能让建筑这个僵硬的框架解体，让这个框架向内、向外溶化开去。

为了让能舞台的空间向着森林敞开，我倾注了最多精力的是“白洲”的设计。通常，“白洲”只不过是舞台与“见所”这两个建筑体的残余。在现代，设计的核心一直是建筑式的东西，是造型。开放式空间的设计，总是放在第二位考虑。常规程序是：在建筑造型的设计全部完成了以后，再把庭园设计师请来，让他适当地收拾残局。然而这次得要倒过来做。要在看似“残余”般的地面——“白洲”上赌上能这种演剧的全部。现世与他世，被这些许的残余分割，又在某一个瞬间，奇迹般地接合在一起。尽管如此，在红叶座型的现代能乐堂里，最受到压缩和忽视的就是“白洲”。如果真设计好了这块地面，能就会自动出现在那里，我们就能够窥见存在于他世［舞台］与现世［见所］之间的死亡这个严肃的现实。以死亡为媒介，空间就会自动向森林、向人居的小镇打开。

首先，“白洲”必须要开阔。要像京都西本愿寺的南能舞台那样，具有舒展的尺度感。与西本愿寺不同的是，这里的“白洲”是阶梯状立起的，形成一种阶梯形状的景观。立起的“白洲”，将成为又一个观众席、又一个“见所”［图 34］。成为“见所”本身并不重要，重要的是这个“见所”是从侧面观看舞台的。这一点有着深刻的意义。从这个角度看起来，舞台是透空的，可以望见远处的森林。图 32 的平面图上 X 箭头所指示的就是这个视线的方向［图 35］。在这个森林舞台上，这一通透视线是支配性的。而通常的能舞台，支配性的视线是从正面观看舞台的视线，舞台的尽头有一块木制的壁板，叫“镜板”，上面画着古松。在图 32 的平面图上，Y 箭头所指示的就是这种视线的方向。这种视线，被“镜板”阻拦、锁住。这是这个空间

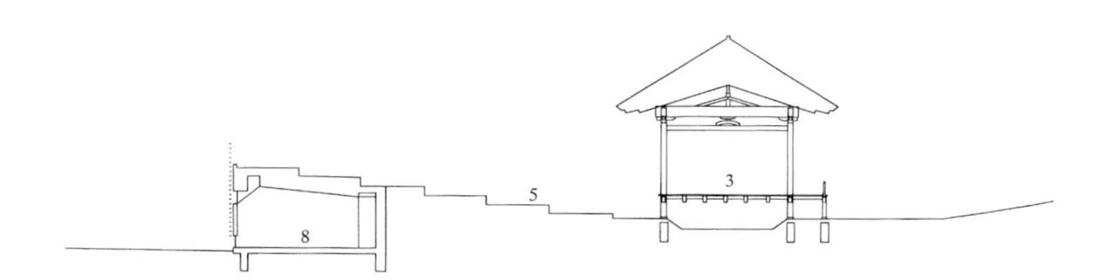

森林舞台 1996 年 剖面图

［图三十五］

森林舞台　1996年　从“白洲”看到的舞台［上］、“白洲”部分的细节［下］

构成中不和谐的部分。一般认为，原本能舞台的尽头是没有镜板的。背面与其他三面一样都是透空的，那里种植着一棵松树。但是，为了确保从后台通往舞台的内部动线，就在那里树立了镜板，画上了松树。画上没有画出松树的根部，因为松树原本是栽在舞台后方的地面上的，根部处于“景框”之外，看不见。可是，尽管如此煞费苦心，舞台不再透空，这一点对于能来说仍是一个重大事件。即，经过这一改变，虽然获得了内部动线，获得了一个描绘松树的艺术空间，但损失了意义更为重大的东西。那就是，向环境开放的舞台这种极为独特的演剧空间。

原本，舞台的背后是广大的自然。也就是说，能的舞台，本不是作为一个完结的另一个世界存在着的，而仅仅是在观众［主体］与自然之间若无其事地介入的一个层面。

如果要在舞台中建立一个别样世界，那会需要一个巨大的空间吧，也会需要精巧复杂的舞台装置吧。事实上，西方的舞台空间就经历了这种巨大化的过程。

然而能却走了相反的道路。能的空间选择将物质剔除，成为纯粹的框架。框架不能主张自己的存在。它通过消灭自我来捕获各种各样的东西、各种各样的世界。因此，在能的空间里，物质是不受欢迎的。物质的极少化成了空间的主题。而通过极少化，能站在物质世界的元层［Meta-level］上，对物质进行批判，对物质世界本身进行批判。能站在超越作为物质世界层面的现世与作为非物质世界的他世这两者的元层上，往来于这两个层状世界之间。死灵的世界，是只有用这样的方法才能召唤出来的世界。如果仅仅召唤出死灵的世界，这与现世并没什么不同。只有表现出现世与他世的叠层，在两个层面之间自由移动，才有可能表现出他世。只有通过现世的框架，看透过去，他世的本来面目才会显现出来；而以他世这个框架为媒介，才能看到现世的本质。正因此，时宗才有“以平生为临终”的言说。在这个意义上，能，是彻彻底底的“框架”的演剧。于是，为了重现作为“框架”的舞台，以X方向的视线，即经由舞台看往森林的视线为中心，我对能的空间进行了重新组编。这条视线，被吸入舞台深处的、黑魆魆的森林的阴影中。这片漆黑的森林暗示着任何人工物都不能阻碍的永恒的距离。此外，这条视线还从侧面同时观看“见所”[现世]与舞台[他世]，使横亘其间的巨大断裂得以显现。这是一条让作为结果的叠层与根本性的结构同时显现出来的视线。是一条同时揭示了结果与结构、表象与存在的视线。

进而，我还做了两个决定。一是用黑色碎石来铺设“白洲”。通常“白洲”是用白色鹅卵石铺设的。这片地面既不属于他世也不属于现世，所以用洁白来表现这片地面的特殊性。也有人认为，这块白色的面，原本表现的是水面。严岛神社的海上能舞台就是用水来作为划分他世与现世的元素。但是，“划分”这个说法，在这里并不正确。水并不是处在舞台与“见所”之间的,应该说是舞台和“见所”这两片地面,漂浮在无边无际的水面上。重要的是这三个面的关系性。也就是说,水面与现世、他世不存在于同一个高度,是存在于和现世、他世不同位相的元层高度上的。因此，水面或白色鹅卵石都必须拥有与这个元层高度相匹配的抽象性及无限延展性。这里要求的是既不存在形态也不存在距离的数学性的抽象空间。结果，空间上的元层高度设定在这里，演剧上的元层标准的演出也成为可能。

可是，当我站在这片森林里的土地上，想象着白色鹅卵石铺成的地面，那种白，总觉得与森林不太和谐。森林的低处是阴暗的，底下的泥土也略带着湿气，黑乎乎的。在这片黑色阴影里铺上白色鹅卵石，就会让这个部分单独凸显出来，拥有了自我的主张。于是我们换掉白色鹅卵石，铺上了黑色碎石。只有“白洲”与地面融合，向森林延伸，才能成为元层。森林成为能的空间的一部分，向着森林的深处无限延伸的空间上的元层也就形成了。

这里的“白洲”是设计成阶梯状的，它的抽象性也必须得到保证。台阶的顶端不能有任何边框和突出物［图 35 下图］。在铺满碎石的地面边缘，不能有妨碍与周围连接的边框。即使只有几厘米的突起，也会使面的抽象性丧失，使“白洲”的地面从元层沦为造型体。就像“水／玻璃”中的水面,通过不断外溢来保持其抽象性,这块“白洲”的地面也必须不断地溢出。黑色的平面,向着舞台之外不断溢出,进一步向着前方的森林不断流去。

另一个决定，是关于舞台细节的决定。最初的考虑是，舞台原则上要采用传统的设计。因为传统的设计中定然内藏着能的理念。传统设计的构成是这样的：三间的四方舞台上，设置进深五尺［一尺约合30厘米］的伴奏室——“地谣座”，挂桥斜靠在舞台上。舞台高出“白洲”三尺，高出的部分贴上裙板。对这裙板的存在我也很在意。剔除舞台的物质性，使其渐渐接近于非物质性的框架，这是此项设计的基本姿态。可是舞台地面的下方有了裙板，舞台就成了物质的块垒，也就是作为造型体出现在了“白洲”之上。理想的做法是，拆除裙板，将舞台还原成一片薄薄的地面，让这片不具厚度的平面悠然漂浮于“白洲”之上［图35上图］。然而这是绝无先例的。唯一在水上能舞台那里能看见这样的形态。一般认为，那是因为担心裙板因湿度而腐化。

那么，把这个能舞台，也看作一个水上的能舞台就行了。这样，“白洲”的碎石不用白色而采用黑色，也是很合适的。因为深邃的水体看上去总是深色的。就这样，森林脚下黑色的湛湛水面上浮起薄薄一层舞台，这样的形态慢慢显现了出来。

去除裙板就等于削减了物质。物质被削减，成本也就降低了。通过物质的极少化来克服理念与现实［预算］的传统对立，这正是当初设定的课题。目标就是要实现“最理念性的东西也就是最现实性的”

这一种关系。去除裙板，不仅仅是为了再现一个水上能舞台，同时也是极少化这个概念的具体化手法。

去除了裙板，屋顶的厚度又就引起了我的注意。能舞台屋顶的传统设计，有过于厚重之感。檐口重叠的薄木板突出了屋顶的厚度。脊檩顶端压着十尺多长的巨大兽头瓦，与此相配，屋脊瓦也高高立起。这样的形制对于“非物质性的框架”来说太过厚重，物质性过于强烈了。

因此我想，屋顶也要尽可能地剔除物质。首先，屋顶采用四坡顶。传统的能舞台或是山形顶，或是四坡顶。山形顶的能舞台，三角形的面正对着“见所”，屋顶会作为一个三角形的巨大造型体突出来。而四坡顶的能舞台，“见所”只对着檐口的边缘，屋顶这种物质退到背后。只要把边缘做薄，就能弱化整个屋顶的体量感。

檐口像数寄屋［日本传统茶室建筑］那样做薄，脊檩的顶端以一种名叫“蛙瓦”的六寸瓦将鬼头瓦换下。同时屋脊瓦也做薄、压低。

即使像这样在细节上不断追求“薄度”，最后还是要面临瓦这种屋顶材料的困扰。屋顶只要用瓦，瓦的厚度、重量就会把屋顶的存在感、物质感确定下来。无论在细节上怎样下工夫，屋顶都是不可能变薄的。在探索各种屋顶材料的可能性的时候，我碰到了产自登米山上名为“玄晶石”的天然石板。这是一种黏板岩，是黏土在地下经受高压而形成的。它拥有仅在压力的接线方向开裂的特殊性质。这种性质被称为“劈开性”。利用这种特殊的性质做成的薄石板，自古以来都在世界各地被用于屋顶的覆盖材料。石板［slate］的语源一般认为是有着“薄板”“格子”等意思的“slat”一词。这名字本身，就有“薄”的意思。

有这样的来历，首先这种石板的薄度本身就是一种魅力。尽管是石头，利用其劈开性，可以将它剖成厚度仅有 6 毫米的薄板来使用。各种各样的物质有着各自固有的尺寸体系。一个单元的尺寸怎样，单元与单元之间的连接处的宽度应该是多少，深度又是多少，是有着一个不能偏离的数值体系的。根据物质的强度与使用这种物质时的施工方法，各自固有的尺寸体系也就决定了下来。因此只要知道了尺寸，我们就能知道这是什么物质，是被怎样施工、怎样运用的。通过尺寸，隐藏在这种素材里的取材、搬运、施工的一切详情都不难知道。例如说一块石材，开采出来以后是怎样搬运的，用什么方法安装的，连总共要花费多少成本，这一切，这块石材的尺寸都会告诉你。因此，在尺寸的决定上需要特别慎重。

我们不喜欢瓦的厚度，所以采用了登米本地出产的这种薄石板来葺屋顶。选中它并不仅仅因为它是一种很薄的素材。它的魅力在于，虽然是石材，却拥有仅仅 6 毫米的厚度。它从石头这种物质的固有尺寸体系逃逸了出来，我们被这一点所吸引。让它的逃逸成为可能的原因是，在地底深处施加在这种石头上的巨大力量。通过这罕见的 6 毫米的尺寸，这种石材将曾经施加在它身上的一个作用，也就是曾经在地底发生的一个事件说了出来。

物质，本来就都是作用及运动的结果或产物。围绕本书的主题来说，那就是所有的物质都存在关系性，都是与环境联系在一起的。尽管如此，大多数情况下，物质不具有说出这一点的能力，而我们则缺乏解读这一点的能力。因此，虽然建筑是由物质造就的，各种各样的物质持有丰富得令人难以置信的历史和时间，我们却不能从建筑中把它的时间拾起、读取其中的信息。物质沉默着，建筑也继续保持着沉默。

我想让这 6 毫米的尺寸成为打破物质的沉默的契机。为了让它的“倾诉”更加娓娓动听，我们对石材的强度进行了反复试验，将它的厚度压缩到 4.5 毫米。这是这种石材的能力极限，物质在它的极限附近，会将很多故事大声地说出来。

4.5 毫米的石材通过它的“薄”来告白，通过其表面的独特褶皱来告白，它不是让锐利的机器强制切割出来的，而是通过向其中打入凿子使它裂开,裂成薄片的。石材上微波状的皱褶无疑就是吉尔·德勒兹［Gilles Deleuze］在《褶皱：莱布尼茨与巴洛克》［*Le pil:Leibniz et le baroque*］中论述过的物质的褶皱。德勒兹把莱布尼茨提出的物质的定义重新表述为“褶皱”。莱布尼茨认为，物质不是拥有绝对硬度的独立粒子，同时也不是拥有绝对流动性的流体。物质是凝聚，又是施加于其上的压缩力的产物，因此是无法将物质与时间进行分节的。

因为物质中内藏着时间，是像褶皱那样被折叠起来的。劈开登米的天然石板的瞬间，我们就领悟到了这样的物质本质。尽管被分割为仅仅 4.5 毫米的厚度，石板的表面并不光滑，而是刻满了褶皱。折叠在物质中的时间，此时作为褶皱显露出来。裂成薄片，消灭了体量，只有时间残留在表面。通过削除体量，隐去了物质，显出了时间。

能也是这样一种行为。通过剔除物质，削除体量的负荷，让物质变换为时间。有了这一变换，生与死之间的自由往来，以及能这种演剧才成为可能。因此，在能的舞台上，物质被剔除；在登米的能舞台上，物质被更为彻底地剔除。拆除了裙板的舞台，成为一枚薄薄的平面悬浮于森林中；石头劈裂成厚仅 4.5 毫米的薄片，徘徊于物质与时间的边界上。物质被削薄、剔除，溶化在东北的森林里，与森林连接在一起。

要消解物质与时间的分节。要让物质向时间转换。这个课题并不仅限于能舞台这个特殊的演剧空间。我们现在是想找回时间。由于物质的过剩，时间一直受到压制。要用剔除物质的方式找回时间。让时间在物质中发声，以物质为契机激起时间的流动。为此，首先要对物质进行彻底的批判，同时要相信包藏、刻印在物质中的丰富的可能性。最终出现的与其说是一个建筑，不如说是无限接近于庭园的事物。

第五章

村井美术馆

造访日本抽象画的先驱之一村井正诚先生家的印象，令我至今难忘。先生已在多年前亡故，遗孀伊津子女士领我参观了那所房子。那座不大的老房子坐落在东京的等等力，是一个作为古风犹存的清静住宅区而远近闻名的片区［图 36］。

脚一踏入房间，我就被一股令人怀念的气味所包围。那是横滨那所伴我出生和成长的小小的木结构房屋的气息。我很久没有在别人家闻到这样的气息了。我的家和村井先生的家，都是上个世纪 40 年代的建筑，带有经济高度成长期之前，也就是被叫作新建材的工业产品被广泛使用以前的那种日本木结构房屋所特有的气味——有些许霉味的一种很柔和的气味。那种房屋都是在有限的预算下建造的再普通不过的简素的小房子。这大概就是我感到怀念的原因吧。我家的那所小房子，原本是在东京的大井做医生的外祖父为了他唯

［图三十六］

改建前的村井正诚宅邸

一的嗜好——周末在田间农作而建造的。当时，在横滨北部散布着水田旱地的地方，外祖父租下了一小片田地，在这片田的一角上建起了周六和周日在此留宿用的小屋。外祖父是个沉默寡言、性情乖僻的医生，即使对病人，话也不多，周末的时间也一直默默地摆弄着土地。请老家的木匠们建起的小屋，也像外祖父那样，沉静、质朴。

我的母亲是家中的长女，结婚时就把这小屋做了新居，不久，我出世了。小时候，这间屋子让我害羞得抬不起头来。1960 年代的时候，我所成长的地方——东京和横滨之间的区域，正处于从农村向住宅区戏剧性转变的中心。我念书的小学在一个名叫“田园调布”的地方，从东京出发，坐电车要 15 分钟。“田园调布”是 1920 年代起开发出来的日本屈指可数的高级住宅地之一，耸立着许多有钱人家的大房子。我的家离那里有 6 站地，沿途的每一个站都有我朋友的家。除了我家之外，别人家的都是光亮崭新的房子。我正好碰上了那样一个时代、那样一个地方。

每家的院子倒是都不大，小院子里培植着草坪，门扉白得耀眼。家中到处都一样明亮。可能是因为墙上和天花板上贴上了发白的聚乙烯墙纸，窗子上装有银色的铝合金窗框的缘故吧。荧光灯的照明也几乎让人睁不开眼般的明亮、耀眼、苍白。自己家光线的昏暗，更加深了我对每个朋友家的明亮的感觉。自己家的墙壁是粗涩的土墙，还因为老旧的缘故噗噜噜地往下掉土。榻榻米上面，总是散落着垮下的土屑。母亲总是一面唠叨着屋子的破旧，每天用笤帚扫，用抹布擦。照明靠的也是从前的白炽灯泡，昏暗、凄凉。我不愿意请朋友到这样的房子里来做客。

在踏进村井先生家的瞬间，这层记忆突然复苏了。我一下子涌起满腔的怀念之情。仿佛与故去的父亲再次相见了。伊津子女士梦想在这里建造一间美术馆。怎样才能留住这屋子里的空气，将它传达给人们呢？这是我首先考虑到的问题。那种空气，那种同样充斥在生养我的横滨家中的空气，怎样才能将它保留下来呢？

关键是在“物”。不是房屋的形状，也不是房屋的平面构图，而是构成房屋的“物”酿出了那种不可思议的气味。让我注意到这一点的，是村井先生留下的数量众多的物品［图 37］。村井先生是不舍得丢弃物品的人。先生喜爱旅行，在旅行去到的地方买了各种各样的东西。并不是买什么价格不菲的古董，而是一些可以说是“破烂儿”的不值钱的当地纪念品。这些小玩意儿，村井先生不舍得扔。通过这些小玩意儿，旅行地和先生居住的等等力的小屋就被牢牢地拴在了一起，解也解不开了。这样的物品，在这所屋子里逐渐累积起来。

村井先生不仅舍不得扔掉旅行纪念品，连读过的杂志、书也舍不得扔。再加上自己的画作也在逐渐增多，屋子里这样的一些物品就慢慢积攒起来。使用空间和居住空间也就渐渐缩小了。对于这个问题，村井先生的解决方法非常独特。当物品在一个房间里积攒到

[图三十七]

村井美术馆改建前的房间

一定程度，他就将这个房间关起来封住，不再使用这个房间。物品优先，放弃掉房间，放弃掉空间。但是这样下去会没有办法生活，所以每到需要房间的时候就加建。慢慢地、慢慢地不断进行加建。结果，客厅、餐厅、工作室都开始移动。不是搬家，而是在同一个家中反复进行搬迁。物，对于村井先生来说就是如此重要。先生是想要通过物，将自己维系在世界这个存在之中。

设计新美术馆的时候，能不能也把“物”作为基点呢？我考虑，不要通过对建筑的保存，而是要通过对物的保存，以物作为媒介，将村井先生的家与新建于此地的小美术馆联系起来。

具体来说，首先，最后的工作室——在家中几经搬迁后，最终搬到洒满夕阳的时候令人心情舒畅的房间——保持原样不变。存放在那里的绘画、调色板，包括先生喜欢的小玩意儿等物品，全部按照原样保存在原位［图 38］。以这个工作室为核心，在其外侧，套上一个稍大的“盒子”。工作室这个小盒子与外侧的大盒子之间，可以成为一个中间性的空间，也就是说得到一个缝隙。将这个中间性的空间作为美术馆的展示空间来使用，这就是基本的空间构成——一种套匣式构造［图 39］。仿佛两个时代、两个时间，像套匣般地被组合在一起。来访这个美术馆的人，在两个时间之间自由穿行。虽然是非常袖珍的美术馆，但我想要把两个时间充塞进去，让它成为一个有浓度、有深度的美术馆。

村井美术馆内景　旧居中庭

[图三十九]

村井美术馆内景

工作室之外的部分则拆除。这些从老屋上拆下来的“物”——外墙的木板、木地板、柱子，还有房梁上所使用的木材，我们尽可能不丢弃，用作外侧“大盒子”的材料。这是一件说起来容易，做起来却意外费事的工作。木结构住宅的拆除，一般的做法是用推土机一口气推倒，就像破坏纸做的玩具一样。住宅顷刻间就能成为一堆瓦砾，然后用卡车运到垃圾场就完事了。

但是，这次却不一样。外墙、地板，就连墙底的碎片也必须一片一片地、小心翼翼地揭下来。60 年前的老木材，要是草率处置的话马上就会变得七零八落。拆卸工作花费了通常情况下十倍、百倍的时间。“干吗非要特意把这些破破烂烂的旧材料拆下来不可，真是麻烦”——工人们抱怨说。但是，我们相信这些物品有值得我们这样做的价值。最终，我们把这种想法传递给了工人们。后来大家无论什么东西都不舍得扔掉了，对于物的爱就在全体人员的心中萌生了。

把这些旧的物品在现场排开一看，一件一件都非常精彩。与现代化的机器大批量生产的产品不同，一件件都有着不同的表情，每一件都清楚地表现着自我。要把这些无可取代的物品，一件一件重新组装，做出一个新的“盒子”来。

在经过这一番复杂的工序之后，套匣构造的袖珍美术馆就出现了。这既是老建筑，同时又是新建筑。是 21 世纪初的建筑，同时也是 20 世纪 40 年代的建筑。建筑连接着 20 世纪初东京的住宅区，同时与最宁静的20世纪40年代的此地连接在一起。是物品充当了连接的媒介。哪怕再小的木板，也蕴藏着这样的力量。一粒种子落下，长成一棵树，被砍伐，做成木板，用于建筑，成为人的生活的一部分，在那个场所的自然环境中不断风化。一路经历了怎样的时间？一切都被积存在了这一片一片的木板之中［图40］。电脑的一枚芯片里储存的信息量大得惊人，而所有的物质中都存储着更大密度和更多真实感的各种各样的信息。建筑师的工作就是将这信息巧妙地提取出来——这样定义未尝不可。而建筑就是以物质为媒介，用来连接人与世界的装置——我不由做了一个这样的新定义。柯布西耶将住宅定义为“用于居住的机器”，建筑其实是“用于连接的机器”。

最后附上一则逸话。最初到访村井先生家的时候，工作室外的院子里停放着一辆破烂的汽车。上面落满灰尘，几乎都分不清车是什么颜色了。轮胎也差不多半陷在土里，就像是一个遗迹。向伊津子女士打听了才知道，这是辆1950年代初的丰田车，村井先生开了一段时间，但不久后就不开了，就这样把它撂在了院子里，和那些旅行时得到的小玩意儿一样，也不扔，就这样撂在那儿了。

这辆车，现在又“撂”在了村井美术馆前的水池中［图41］。日本有“三途川”的传说，生者的世界与死者们居住的世界由水面隔开，或者说以水面充当媒介，将两个世界连接在一起。这水池也在这个意义上将两个时间连接在一起了。本来就已经破烂的汽车，被浸入

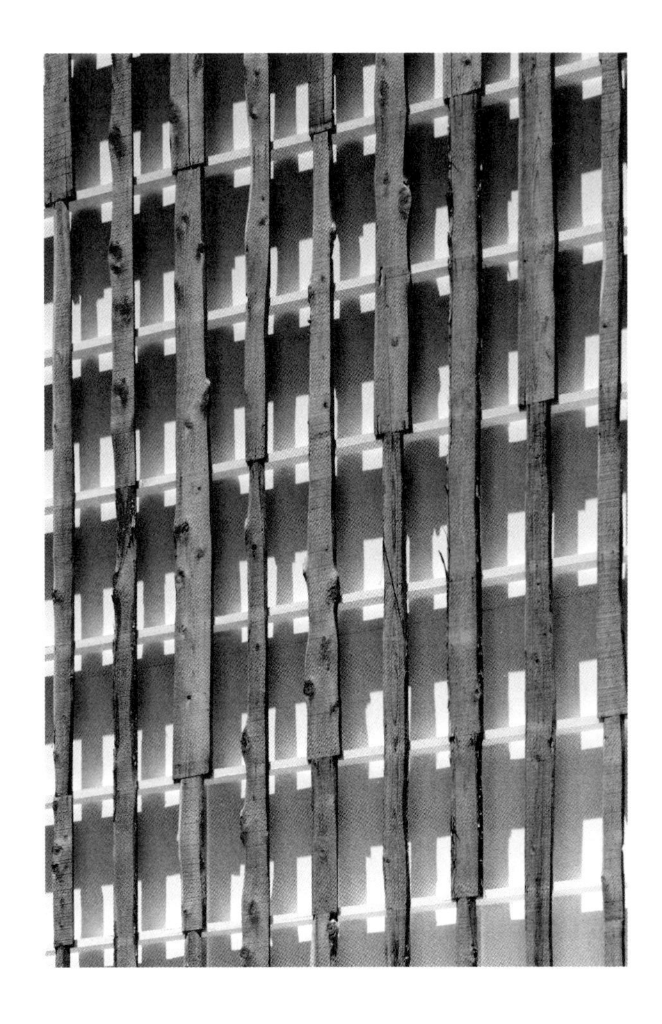

村井美术馆外墙［废材料再利用］

到水中，肯定会更快烂掉。设计普通的建筑时，材料的损坏、腐烂是最令人头疼的。现代社会中，人们普遍认为，建造永远像刚竣工时那样光鲜亮丽、光彩照人的建筑是建筑师的使命，也是建筑业的使命。

然而我觉得，会随着时间的流逝渐渐老去，这才是人，才是建筑。所有的物质都像这样，与时间一起活着，也积累着时间。这池中的汽车就是这样的物质存在方式的一个模型。所以我有意将它放入水中，想看看这个物质会怎样变化下去，想弄清楚钢铁的块垒会以怎样的方式腐朽下去。然而怀着这样的想法去看它，它反而变得没有那么快了。也许，时间就是有如此特性的东西吧。时间，就是如此的强大。

村井美术馆外观

第六章

莲屋

住宅的设计是很费事、很费时的。因为客户会提出各种各样细致入微的期望和要求。比起写字楼和美术馆来，其要求数量简直要多出一两位数。可是，这次的客户提的要求却少得令人吃惊。不仅是少，还很奇怪。大概因为是我 20 年的老朋友，彼此熟知的缘故。他仅仅提了三个要求：第一，想要在开放的、像户外空间一样的厕所里方便，因为在巴厘岛体验过这种“户外”似的厕所，觉得很惬意；第二个要求是，能够在家中户外长距离散步。并不是想要我们做一所很大的房子，而是要有长长的甬道，让人能够一边走着，一边考虑各种各样的事情。

第三个要求难度最大：他有一种自己喜欢的石头，想要用在这个房子上。仔细问下来，才知道原来是“洞石”[travertine]，是产于罗马附近，表面布有细孔的一种石灰岩。倒绝非我所讨厌的石头。这让我想起坐落在罗马郊外的罗马皇帝哈德良的别墅“蒂沃利”[Tivoli][图42]，那是一座大量应用洞石和水的别墅建筑杰作。酷爱建筑的哈德良皇帝，倾力投入设计，尽管以古典主义建筑语言为基础，却并不像罗马的城市建筑那样是为了表现雄伟壮大，而是为了表现更为亲密、亲切、家庭式的气氛。水与建筑巧妙地融合在一起，建筑材料洞石与水的契合也给人以深刻的印象。想到洞石是上古时代海底珊瑚变化而成的，它与水的契合也就变得理所当然了。

洞石建筑的另一杰作，是密斯·凡·德罗的巴塞罗那世博会德国馆[图43]。严格地说，虽然只是一个展馆，但它展现的开放、悠闲的生活图景，成了20世纪住宅建筑、别墅建筑的一个典范。这个建筑大量使用了洞石。或许只是巧合，与哈德良皇帝的别墅一样，这所巴塞罗那德国馆也用了水这个元素。洞石做的巨大底座上托载着身姿轻盈的钢架结构的展馆。底座上开放空间的正中，设有一方巨大的长方形水面。这个建筑运用的基本手法是对比。杂乱的周边环境——世博会特有的杂乱无章的嘈杂环境——与几何学的、抽象的洞石底座首先形成对比。

接着，在底座这个框架里，尺度几乎相同的水面与建筑形成对比。对比的强度和鲜明度生成建筑之美，这是密斯的基本想法。在密斯的构想里，巴塞罗那德国馆所设想的20世纪的崭新生活空间，基本原理同样也是自然与人工物的对比。密斯将这一哲学倾注在了这个展馆

［图四十二］

大量应用洞石和水的“蒂沃利”别墅

[图四十三]

洞石台座上的巴塞罗那世博会德国馆

里。作为强调对比的框架，洞石的底座得到了出色的运用。

这样回顾起来，发现洞石这种石材曾在建筑的历史上多次发挥过重要的作用。然而，这次面对山中建筑基地，想象建起哈德良别墅和巴塞罗那德国馆的样子，会有种不可名状的不协调感。一句话，洞石太过沉重了。沉重的石块放在那座山中的样子无论如何也不能接受。在那里一定会产生环境与建筑的强烈对比，这是我无法忍受的。就没有办法让建筑与环境不是形成对比，而是更流畅地结合在一起吗？我觉得，这样流畅的连接才称得上我的那个密友客户温和平稳的性格——喜欢在户外般的空间里方便、喜欢在自家周围一边想事儿一边悠闲地走来走去。

为此，必须把沉重的石块打碎。必须要把洞石打碎，让它变为小而轻巧的物质。密斯在巴塞罗那德国馆上采用的洞石底座是在混凝土坯上粘贴洞石薄板，却有意制造出巨大石块的视觉效果，而我，反其道而行就行了。突然，对这座优美树林中的别墅应该做些什么，我好像明白了起来。我仿佛突然明白了，密斯所成就的、他的建筑观、人生观、生活观，与我想做的、我的建筑观、人生观、生活观，有多大的差异。通过对洞石这种材料的处理，我清楚地看到了差异。从前仅仅读他写的东西，看他的作品集还是没能明白。现在，我好像看到了某种本质性的东西。就在同样面对洞石这种素材的时候，“原来自己和密斯是这么不同啊”“原来我们追求的东西有这么大差别啊”“我们生活在不同的时代啊”，我超乎想象地、清清楚楚地看到了我们的差异。

那么，具体来说，怎样把洞石变小、变轻呢？首先，我要避开我们这个时代最常用的施工手法——在混凝土坯上粘贴石板。20 世纪建筑的基本方法，即“操作系统”，是先制造结实的混凝土结构体，然后在上面贴上切成薄片的装饰材料。想显得高档就贴上石板，想显得柔和而自然就贴上木板，想显得硬质而前卫就贴上铝板，就是这样来选择材料的。可以说是化妆。表面看起来像是多种不同的设计，一层皮揭掉后，什么建筑都是一样的混凝土身躯。这与在电脑上用 3D 图像表现建筑时使用的材质贴面［texture mapping］的手法是一样的，现实世界里的建筑也是这样做出来的。或者正确地说，应该是因为现实世界里的建筑是用材质贴面的方法做出来的，所以在电脑的世界里，也仿效了这种方法。石头是最适合于这种做法的材料。把石头切薄的技术，在 20 世纪得到了惊人的发展。欺骗人的眼睛、制造出厚重高级感的技术，占据了 20 世纪建筑技术的中心地位。

以否定这种陈腐的化妆法为起点，莲屋［Lotus House］的设计启动了。不用薄石板来欺骗人的眼睛，反而对其“薄”进行肯定，积极地传达它的“薄”，将“薄”作为建筑的武器。把用石头做成的轻盈的屏壁放置在建筑与环境之间，它将起到将两者柔和地连接的作用。屏风能遮挡强烈的日光，还能将建筑前方小河上吹来的清风引进屋来。这样的装置，可否用洞石来制作呢？我开始画起了草图。

之前，在“石头美术馆”[2000]这个作品中我曾尝试过同样的屏风。那时，我曾将棒状的剖面[40mm×150mm]做成横格的样子，然后装在石柱上[图44]。我们在设计上、施工上都付出了很多的辛劳，这才找到了那样的细节。不过后来反思起来，那样的做法会使支撑屏风的柱子变粗，让屏风整体丧失轻灵的质感。每经过一个项目都要在细节上取得一点进步，可以说这就是建筑有意味的地方。做建筑是绝不能急于求成的。不是把一个项目看成一个作品，而是把自己的整个人生当成一个作品，必须怀着这样平和的心态，一点一点在地面攀爬般地前行。最近我似乎越来越强烈地感觉到，宽宏的心胸、不焦躁的心境才能诞生出建筑。

那么，不树立支柱，怎样才能解决石屏风的支撑问题呢？用细钢绳把石头吊起来怎么样？我对建造“石头美术馆”时一同艰苦工作过的白井石材的白井先生说了这个想法。白井对我的超乎常理的想法应该已经习惯了，这次他也不会笑话我这个鲁莽的提案吧。像这样可以讨论荒唐想法的工匠对于建筑师来说是非常重要的。一个孤家寡人的天才，无论有怎样的想法，也绝不能做出好的建筑。建筑是团队协作的产物，要组建好的团队，需要费相当的时间。白井和做结构的新谷真人先生经过计算得出的结论是，细钢绳还是不行，但如果用不锈钢板[4mm×10mm]来悬吊的话，应该是可行的[图45]。新谷又建议，如果不用一整片的长条金属板，把短小的金属板

［图四十四］

石头美术馆石材悬吊部分的细节

［图四十五］

石头美术馆石材格栅的细节

锁链般地连接起来，应该能具备抗震、抗强风的性质。用锁链来做悬吊，这是我想都没想过的方法。当然，新谷和白井也并不是就有百分之百的把握。“也许总有办法的。”首先做了试样模型，对强度和耐久性进行确认。几乎所有的项目我们都会制作这样的试样模型。不经过这样的验证，就不知道是否真的可行。像这样，我们对所有新的细节和材料都要一一进行试验，所以设计工作的效率非常糟糕。很多建筑师会将自己的招牌材料反复使用，可我们无法忍受这种枯燥的做法。一个工程结束必定会有某种反思，会找到新的课题。因此绝不会出现同一细节的反复使用。

石材悬吊的细节开始确定的时候，我和做结构的新谷讨论起屋顶的结构该怎样进行。结构整体基本上要用钢架结构，这是和新谷讨论过好几次定下来的。因为要建造这种规模的开放而具有透明感的房屋，钢架结构是最合理的。可是，我很喜欢那种从下方仰望顶棚时看到的成排的木质小梁。我想要中国及日本传统建筑中支撑屋顶的椽子的那种感觉［图 46］。

首先需要做出一个重要的判断，是在顶棚上贴板，将屋顶的结构隐藏起来，还是将结构暴露出来。一再作为莲屋的参照物的密斯的巴塞罗那德国馆，选择了将屋顶结构隐藏起来。同样作为其代表作的范斯沃斯住宅［Farnsworth House］［图 47］，顶棚也是贴板将结构隐藏起来的。把顶棚和地面同时处理为看不见结构体的抽象平面，

莲屋　屋顶木质小梁的整体呈现［上］、室内细节［下］

[图四十七]

范斯沃斯住宅　密斯·凡·德罗设计　1950 年

在两者之间，屹立着拥有强烈表情的立柱及墙壁等垂直元素，这就是密斯的基本做法。巴塞罗那德国馆的那种有着十字形剖面的独特立柱，就是他着力强调垂直元素的表现。范斯沃斯住宅中，立柱使用了 H 型钢材，却以不可思议的安装方式让其仿佛突出于地板和天花板的前面，密斯对垂直元素的偏爱可见一斑［图 48］。从希腊、罗马沿袭下来的古典主义建筑彻底强调石柱这一有力的垂直元素的视觉性优势，总是凭借这个来对整体的美感进行整合。而密斯的做法简直就像古典主义垂直理念的正统嫡传弟子。希腊和罗马在石柱上凿出名叫"凹槽"［Fluting］的垂直沟纹，密斯则赋予立柱十字形剖面。为了强调垂直元素，必须将水平元素——天花板、地板——抽象化，必须将这些部分的结构体隐蔽起来。

但是，中国、韩国、日本等亚洲的建筑则选择了相反的方法。更倾向于尽可能将支撑屋顶的结构体暴露出来。遮阳挡雨、保护人们的身体不受伤害的屋顶才是建筑的本质所在，怎样来支撑屋顶这个庞然大物、将支撑的方法显示出来，这是建筑设计的最大课题。多数情况下，屋顶由木制的柱子支撑，为了保护容易腐坏的木柱不受阳光和雨水的损害，必须让柱子外侧的屋顶更多地延伸出来。要让屋顶伸到柱子之外绝不是一件容易办到的事。怎样将解决这个困难的技术优美地呈现出来，就成了亚洲建筑设计的核心课题。可以说，用木材做柱子这个制约条件，将保护木柱的屋顶的地位提升到了亚

【图四十八】

范斯沃斯住宅外立面

洲建筑的核心高度。亚洲建筑，就是屋顶的建筑。

从这个手法中我感知到了很大的可能性。现在，建筑似乎正在渐渐地回归原点。很长一段时间以来，建筑都是在为某种象征提供服务。建筑是财富的象征、权力的象征，20 世纪的现代建筑也因背负着这样的使命而不得自由。证据就是，密斯及柯布西耶仍然运用柱子这种垂直元素来对建筑进行审美整合——仍被古典主义的方法束缚着。他们因袭了希腊和罗马的做法。为了让象征的作用最大化，建筑必须成为与周围切断联系的孤立物体，追求有力而鲜明的信息发送。柯布西耶及密斯都是这样分割形态的高手。

今天建筑的最大问题，是这一手法的根本——“象征”这种社会行为——本身陷入了一种功能不全的状态。“象征”一旦被更新锐的象征赶超,顷刻就变得陈腐。这就是“象征”这种行为的宿命。如果“象征”只是一种可以调换的商品，那么抛弃旧的象征，换成新的象征或许就可以了。可是建筑拥有长达数十年，甚至 100 年、200 年的耐久性，往往它当初的象征意义已经陈腐化了，可还要再接着用上数十年，这样的懊恼人们已经察觉到了。以象征为目的的建筑是短命的。能让建筑价值长存的，不是这种短命的表象功能，而是介于人的身体与自然之间、将两者连接、对两者进行安抚的平和的协调功能。屋顶，正是发挥这种协调作用的最重要的装置。屋顶是怎样巧妙地发挥这种协调作用的呢？支撑着屋顶的优美结构会告诉我们。无论是平顶，还是坡顶，结构体可以把很多有关本质的信息传达给我们。为此，我们在屋顶结构体的设计上下的功夫最多。因为这个结构体的美会让我们感到放心，使我们的身体得到休息。

莲屋也是这样的。主要的结构体是钢架结构，而连接主构架与屋顶板的小骨我想用木材。在结构体与我们柔弱的身体之间插入木材这种柔和的材料做成的次级结构体，把身体与建筑连接起来。在亚洲木建筑的屋顶中亮相的“椽子”这种构件，扮演的就是这个角色。对于椽子的剖面形状和间距，亚洲建筑的设计师们一直都近乎异常地讲究。随着国家、时代的不同，椽子的间距、剖面的形状会有微妙的差异。正因为椽子处于这种文化的中心，这样的差异才让人们感到椽子就是身体和建筑的连接物。正如吃东西的时候，放入嘴中的食物，其切割方法对身体有着决定性的作用。也正如接触身体的内衣的纹理，对于身体有着决定性的作用。椽子对于人也是十分重要的元素。

莲屋的木质小梁是以和设计椽子时同样的细心进行设计的［图49］。在决定长度［600mm］、厚度［30mm］、间距［600mm］之前，我和新谷一直争论不休，在这个过程中有了新的发现。当屏风用的洞石板与小梁的尺度感接近时，空间整体就会稳定下来。整个空间会变得浑然一体，给人以舒畅流动的感觉。石材的大小必须根据石材的强度、悬吊下来的不锈钢板材的强度，在某个范围内限定下来。小梁的尺寸、间距，同样也受到木材这种材料的结构性制约，并与其承载的板材的

【图四十九】

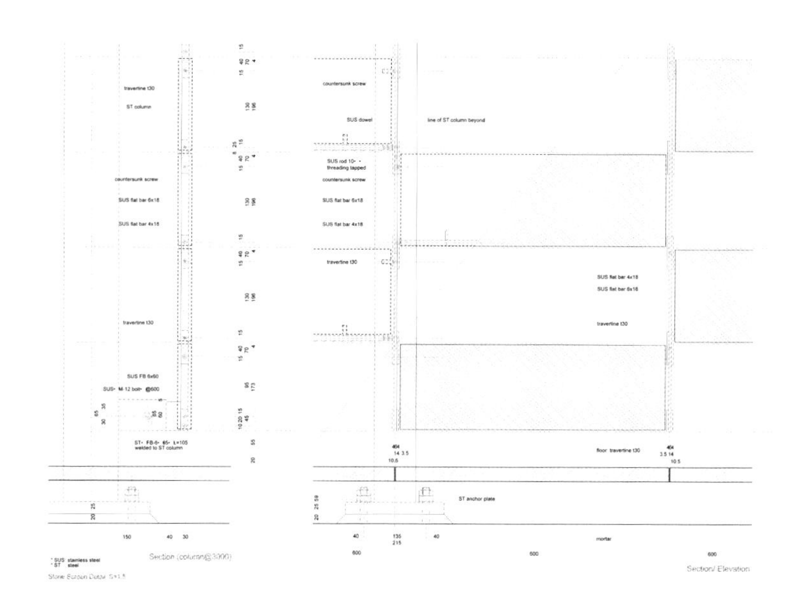

莲屋木质小梁的尺寸、强度函数关系图表

厚度有关系，也必须限定在某个范围之内。因各自的因素导致的复杂的函数关系决定着这两种素材各自的尺寸，我们通过一点点地调节各自的函数关系，对两种素材的尺寸进行调整。最后，我们得到的石材的尺寸是：宽 200mm，长 600mm，厚 30mm。

在进行这件费事的工作时，我头脑里产生了“这与中国菜太像了”的奇妙感觉。喜爱烹调的朋友曾告诉我，在中国菜中关键性的一点是要将材料切成相同大小。比如青椒肉丝这道菜，牛肉、青椒、竹笋都被切成同样的细丝。腰果鸡丁是在中华街附近长大的我小时候就很喜爱的菜品之一。这道菜也是一样，把鸡肉、蔬菜按照腰果的大小切成丁，这一点很关键。要把腰果也切小太麻烦，所以就以腰果的尺寸为基准让其他材料的尺寸与它配合。经过这样的工序，大小基本相同的材料，以基本相同的方法加热，呈现基本相同的口感、咬劲儿，被以基本相同的方式消化掉。“自然”这种多样甚至可以说是杂乱的东西，通过这一程序，被极为顺畅地收进身体中。“自然”通过这一过程，与身体巧妙地连接在一起。就像是舒适的内衣，又像是造型优美的椽子。这种决定尺寸的程序，与柯布西耶提倡的“模数”[Modulor]尺寸决定体系形成了对照。柯布西耶是在建筑的尺寸上最为计较的建筑师之一。以人的身高——实际上是以他自己的身高 [183cm] ——为基准，制造粒子，试图以此将自己设计的建筑的一切尺寸都规格化。

赖特 [Frank Lloyd Wright] 也一样，他说他是以自己的身高 [174cm]

为基准，决定了顶棚高度等一系列的建筑尺寸。虽然两人似乎都对人很尊重，但都只不过是将自己的身体尺寸强加在了建筑上而已。对他们来说，身体是物体，是屹立在世界中心的绝对的物体。而在中国菜中，身体却是一种关系，是世界与自身之间活生生的关系。研究这种关系，尺寸也就决定下来。柯布西耶及赖特的方法背后，是对于世界的傲慢姿态；而中国菜背后的，则是对于世界的谦逊态度。

与中国菜同样的程序在莲屋的设计中被反复用到。此外，我们还在这里碰见了另一个“尺寸”—— 建筑前面水池中的莲。做一个水池，是为了将眼前流动的小河与建筑连接起来。我们不想简单地就在河边建一所房子，那样显得很唐突。于是我们考虑在河与建筑之间做一个水池，将两个要素连接起来。在这个水池中栽上莲则是客户的主意。他决定要将自己珍视的木佛像放在这所房子的中心。善良的他觉得，这尊佛像的面前要是有莲花，想必佛像也会感到安慰。我想象了一下莲花绽放的情景。莲花的尺度与洞石板、小梁的尺度感好像正好吻合。在这个地方栽郁金香没有感觉，满天星也不相配。就像一旦用花生米换掉了腰果，那种绝妙的感觉就会消失一样。

因此，这所房子被命名为莲屋。因为是莲花的尺度感在支配着这所房子。在身体与周围的自然之间，莲的尺度插了进来，希望它能将两个世界连接起来。这是一个洞石、小梁、莲叶和莲花一同共鸣，一切都连接在一起的世界。我想实现这样的一个世界。

第七章

粉碎成粒子

最早使用百叶，是在“水／玻璃”的屋顶上［图50］。“水／玻璃”的基本构成是在地面与屋顶这两个水平面之间插入透明的玻璃盒子。屋顶朝着海的方向长长地伸展出去。屋顶如果以不透明的板材来做的话，就会在下面投下巨大的黑影，屋顶自身就会成为一个强大的造型体，主张起自己的存在。我想要把屋顶“弱化”。从此开始了各种各样的研究。

一个可能，是使用透明的玻璃，这样就不会有产生黑影的顾虑。但是，就算玻璃自身是透明的，还是让人担心，支撑玻璃的钢架结构体会不会反而强烈地凸显出来。

那么磨砂玻璃怎么样？只要把结构体设置在磨砂玻璃的上方，结构体就只会投下微弱的影子，不会惹眼。透明与不透明，存在与非存在。磨砂玻璃可以置身于这些二项对立之间。它曾被认为是“弱化”

建筑的绝佳元素。然而我没有选择磨砂玻璃，原因在于它与“水”的契合问题。“水／玻璃”的空间特质是由深 15cm 的地面水盘决定的。水面反射粼粼的波光，细碎的光粒子抛洒在空间里。我希望在屋顶上也出现这样的粒子。磨砂玻璃虽然是半透明的，但作为面，却给人一种黏滞的沉重感。我想让面分解为细碎的粒子，消去面的沉重感。我所需要的不是作为面，而是作为粒子的集合体出现的素材。

那么冲压金属板怎么样？在一个不透明的面上冲压无数的粒子状细孔，得到的就是冲压金属板。因为开了孔，重量、强度都消减了。它与磨砂玻璃一样处于透明与不透明的中间位置，介于存在与非存在之间，也拥有粒子的感觉。然而，在最终我还是没有选择冲压板。因为这种粒子，不知为什么并不能给人以闪闪发亮的印象。水面发光的时候，粒子总会亮晶晶地舞蹈般地闪耀。这闪烁的感觉，到底从哪里来的呢？

最终选定的，是不锈钢的百叶。把厚度 1.5mm 的不锈钢板切割成 75mm 宽的条状，然后让它们以 75mm 的间距排开，成为百叶。从玻璃到冲压板，我们用各种各样的素材做屋顶，光线照在上面，只有这种百叶熠熠生辉。这样，我们选择的不是冲压板这种粒子，而是百叶这种粒子。

奥秘不在于素材的光泽度或反光性，而在于百叶对于光的变化能

［图五十］

水/玻璃的不锈钢百叶屋顶　1995年

作出最敏感的回应。也就是说，光这个环境，与人们置身其中的建筑，以百叶为媒介被联系起来。斜上方有光照射的时候，百叶会投下条纹状的黑影；要是垂直方向的照射，光就会完全透过去，百叶会获得完全的透明性。此外随着与主体位置关系的改变，百叶会以各种各样的形态呈现在主体面前。顺着百叶的叶片方向看过去，看到的是无限的透明和轻快。而向着垂直于叶片的方向看过去，看到的就是不透明的厚重的面。也就是说，百叶不具有客观的、绝对的所谓自我形态。百叶就是“关系”本身。顺光望去，素材显示出它的颜色；逆光望去，则颜色尽失、化为黑影。随着环境的变化，以及与主体之间的关系性的变化，百叶呈现出多种多样的形态。我们可以把它称为环境的反射器，但它又不仅仅对环境反射。位于环境与主体之间，它还对二者之间的关系进行着反射。因此相比“反射”而言,更近乎于“相互作用”。此外，如果将拥有固有颜色、固有质感、固有透明度等不会改变的性状的素材看作是绝对素材的话,百叶就应该是一种相对素材。所谓“相对素材”，不是由设计者及规划者全盘决定的，而是接受者自己决定、自己参与的素材，是开启接受者自发性的素材。对于这样的相对性的存在，接受者会感觉到它的勃勃生机和熠熠光芒。所以说，百叶与彩虹是很相似的。彩虹也是一种相对性的存在。所谓“相对”，就是说是接受者在创造着彩虹。彩虹并不绝对地存在于某处，而是由太阳、水的粒子、接受者，这三者的关系性生成的。因为是粒子的集合，彩虹能够成为一种相对性的存在。以粒子形式存在有着很关键的意义。因为有粒子，世界中就产生了关系性，世界就得以相互联系。

在“水／玻璃”的百叶上，我们进行的是一项建筑的粒子化操作，同时，这也可以说是建筑的相对化操作。我们希望建筑不是作为同环境割裂、不动、不变的客观存在而恒久固定，我们想让建筑能随环境的变化而进行变化。就是说，想让建筑和环境牢牢地联结在一起。过去，在 19 世纪末，类似的操作曾在一些其他领域同时进行过。

比如在美术领域，印象派进行了绘画的粒子化。不在调色板上将颜色混合，而是在观者的视网膜上进行调色，这是绘画的粒子化的基本想法。在调色板上将颜色混合，就会产生减色混合的现象。即将颜料不断混合，颜色就会渐渐趋近于黑色。越着力于调配出微妙的颜色，画作就会越暗淡厚重，渐渐趋近于一个黑色的平面。画作会与世界切断联系沉入黑色之中。为了从这沉重、暗淡的平面解放出来，印象派把绘画的粒子化作为了目标。具体地说，他们用画笔蘸取原色，在画布上让粒子状的斑点散布开来。然后，在观者的视网膜上，各个粒子混合，微妙的色调及阴影在观者的头脑中出现。

在这里，受到印象派批判的不仅仅是作画的方法。艺术的创作者与接受者的关系性本身也遭到了批判。印象派之前的绘画，一方是拥有特权的作者，而另一方则是完全被动的接受者。这种单向的关系性将绘画的性质确定下来。技法、展示形态、流通形态的一切，都是由这种单向性规定下来的。那个时期作品不是一种等待接受者的相对性的存在，而是作为特权性的、绝对性的存在君临天下。在单向性影响下，分散的、暧昧的东西被排除掉。也就是说，粒子被排除，更有凝聚力、更有强度的存在，即造型实体才能留存下来。造型实体，因其彻底、明快和威慑力，从一开始就将其全体暴露无遗，让人无从期待解释的多样性。

新印象派运用具体而科学的手法对造型实体进行了批判。乔治－皮埃尔·修拉［Georges-Pierre Seurat］的《大碗岛星期日的下午》［图 51］达到了这一手法的顶点。粒子是细碎而均匀的，根据谢弗勒尔［Michel Eugène Chevreul］和鲁德［Nicholas Ogden Rood］等人的光学原理，粒子被极为科学地配上色彩。修拉所追求的，是绘画的科学化。为什么要科学化？因为科学是向众人敞开的，是作者的特权地位瓦解、单向性解体的契机。

但是，就像修拉 31 岁就结束了生命那样，修拉的绘画手法同样短命，如同幻影。

短命的理由有两点。一个是"笔触"的问题。新印象派将对象物分解为"笔触"这种粒子。画家们很快发现了，笔触这种粒子是极为出色的表现媒体。只有修拉一人还耽于大小彻底均一的中庸的笔触，而大多数画家则醉心于笔触的魅力。他们发现，在笔尖的轨迹、在一点上倾注的压力及其微妙的变化中，能够表现出画家的个性甚至精神

［图五十一］

《大碗岛星期日的下午》 1886 年

世界。画家们发现，既非构图也非色彩，而是在笔触的部分，才有可能注入最个性化、最具强度的艺术表现。对象物在分解为粒子后，那些粒子又作为新的表现主义的实体扩大化、独立起来。结果使得人们对粒子化的兴趣日渐淡薄，兴趣点转移到获取表现自我的个性化笔触上去了。对象物解体后，又出现了“笔触”这个造型体。这一转移，使得野兽派诞生，催生出了20世纪各式各样的表现主义绘画。

粒子化被画上句号的另一个原因，是绘画的科学化。当然，修拉比同时代的任何画家都更强烈地追求绘画的科学化。然而修拉所致力的基于粒子及色彩光学的绘画科学化，却没有成为20世纪的主流。绘画还原到单纯而有力的几何学的造型体［用立体派的话来说就是“Cube”（立方体），用塞尚（Paul Cézanne）的话来说就是圆锥、圆柱和球体］上。从塞尚延续到立体主义，这成了20世纪绘画科学化的主流。人们不能再维持、支撑粒子这种细腻而暧昧的状态了。人们追求几何学的对象物，即任何人的眼睛都容易接受的“科学的象征”。粒子的客观性，被偷换成了客观的［几何学的］实体。

对象物暂时被分解为粒子，但很快就以两个新的对象物的形式——表现主义的对象物［笔触］和几何学的对象物的形式再生。19世纪末到20世纪初的“绘画的革命”，就是这样一个对象物的解体和再生的过程。其根本原因是，印象派的革命［粒子化］最终只是停留在“绘画”这一框架中。他们对于绘画姑息包容。也就是说，姑息不改绘画的接受形式，即在广义上保存了绘画的空间。由拥有特权的作者作画，处于被动的观赏者观赏，这一单向性，被他们排除在了批判的范围之外。因此，绘画又再次缩回客体的蚁穴之中。那么，他们所姑息的绘画的接受形式，到底是什么呢？

具体地说，就是以画框为前提的鉴赏，是水平低劣的复制相片的流布。建筑的接受形式也是一样。人们通过分辨率很低的小张广告照片来感受建筑。这就是这个时代的宿命。就连修拉也没有想过要改变这种基本的鉴赏形式。绘画也仍旧是被塞入画框这一框架，在一如既往的空间形式中供人鉴赏，而在更广范围内的接受和传达上，则运用照片复制的方法。但是，当时的照片分辨率很低，是不可能将修拉原本细腻的粒子传达出来的。印在相纸上的，只不过是一张轮廓不明、模糊不清的画而已。粒子不可能被一粒一粒地辨认清楚。视网膜上的粒子的混合、观赏者的参与，都不可能发生在这种致命粗糙的接受空间上。对此，艺术家无力也漠然。修拉一定已经感觉到了自己的手法与接受空间之间的鸿沟、与时代的鸿沟。修拉还有在画框上点描粒子的奇妙癖好，那无疑是他将绘画的革命扩张到画框之外的意图的表现。但是，他能做的也就只有这么多，只能走到画框上的粒子这一步而已。

建筑领域发生了同样的情况。19 世纪末同样是粒子化的时代。在当时，粒子化的手段有两种。一种是美学的手段，另一种是技术的手段。印象派的粒子化，是由美学和科学综合而成的，而建筑的粒子化，两者从一开始就是分裂的。

建筑上美学性的粒子化就是“新艺术”[Art Nouveau]。19 世纪的欧洲建筑界处于古典主义建筑对哥特式建筑这一对立构造的支配下。建筑师分为两派，进行激烈的论战。在这一对立构造中，实际上已经暗藏了造型体与粒子的对立。古典主义建筑是造型体式的，而哥特式建筑则是粒子式的。哥特式建筑的构成元素与古典主义建筑的构成元素，正如历史学家们所指出的那样，令人惊异地相同 [最有名的说法是由英国的建筑史学家约翰·萨默森（John Summerson）提出的。John Summerson, *Heavenly Mansions and Other Essays on Architecture*, 1949；《天上之馆》，铃木博之译，1972]。两者的基本原理都是以三角形的屋顶形状为基本元素，用这种屋顶形式的向心性与稳定性对部分及整体进行统筹 [图 52]。尽管如此，这两种样式却给人以各持一端，相互对立的印象。一方 [古典主义] 的目的是造型体的强化，而另一方 [哥特式] 的目的是将物质细分为粒子，因此给人以两个极端的印象。古典主义建筑的块垒夸张地放置在台座上，以独立的充满重量感的造型体形象，进行着强烈地自我主张。而另一方的哥特式建筑则以石头为材料，将块垒彻底细碎地分节，刻意回避造型实体。哥特式的立柱被有意设计成许多细柱“捆”成的“柱束”的形状 [图 53]。这样一来重量感消失，非物质性的轻盈空间就出现了。尽管是从使用同一屋顶形式出发的，由于统合的手法、尺寸的决定方法 [scaling] 的差异，最终得出的印象却是

［图五十二］

沙特尔圣母大教堂［La Cathédrale Notre-Dame de Chartres］南入口。与古典主义建筑一样，由三角形屋顶统筹建筑整体。

［图五十三］

圣丹尼大修道院［Basilique de Saint-Denis］

分裂的。

这两种样式的对立，同时也是政治与宗教的对立。于是，这两种样式的对立将19世纪一分为二，兴起了哪一种样式才符合时代要求的大论战，即形成了样式之争的格局。硬要单纯划分的话，以政治权力的象征为目的的建筑，常使用造型体形式，也就是古典主义形式；宗教建筑则多采用粒子形式，即哥特式。政治权力，就是从高位对主体进行压制的一种特权性的存在，针对这样的形式、矢量，造型体形式获得采用。因为造型体的强度及其明快性，很适于政治权力的自我表现。另一方面，在宗教空间中，不同的个人希求、追寻神这一特权性存在的矢量，即自下而上的矢量也对空间提出了要求。神，不能是有形的、具体的对象物，而必须是非物质的、不确定的存在。哥特式的粒子状空间，随光线射入的角度和强度不同，显示出无限的变化。神，就应该是这样一种对于不同的人、在不同的时间，能够以多种形象显现的存在。

与这两者相比，由更为细碎的粒子构成的建筑——19世纪末的新艺术运动登场了。与印象派批判以往绘画的沉重、暗淡意义相同，新艺术是对于建筑一贯的沉重和暗淡的批判。就政治与宗教这一对立构造而言，新艺术不是针对政治也不是针对宗教，而是针对交通的一种建筑样式。巴黎地铁入口的构造物上就运用了新艺术样式，这并非偶然。建筑，在原则上是不动的、十分沉重的东西。无论当时，还是现在，建筑都无法逃脱这一宿命。以铁路为代表的交通手段的出现，成了人们重新认识建筑之“重”的契机。当时，只要是与交通［地铁］有关的建筑，人们总希望它能尽可能轻巧一些，于是就将轻巧的铸铁制构造物［图 54］运用于此。就连哥特式用石头煞费苦心制造出的轻灵感，与他们所追求的建筑之“轻”相比，也过于笨重了。政治与宗教虽然在矢量的方向上有差异，但同样都是垂直方向上的交流；而交通，却是水平方向上的交流。平面的交流以惊人的势头不断进化，很快就从根本上颠覆了世界的构造。

然而，正像印象派的粒子化虽然引领了时代的变化却极端短命那样，新艺术也是极为短命的样式。一个原因是，这种粒子化依赖于植物这一主题。新艺术的曲线，是对植物曲线的临摹。像希腊立柱的顶端使用莨菪叶图案那样，植物这一主题受到召唤。建筑是对某种原型的模仿，这是古典主义的原则，也是弊病。所谓古典主义，是以造型体的强度为目标的运动，而且是试图凭借原型这个权威将这个造型体正当化的运动。当时的艺术家们认为，新艺术也必须是对某种原型的复制。古典主义思维方式的渗透力就是如此之强，甚至深深渗透进了对古典主义进行批判的前卫派之中。绘画必须对某种“对象”进行描绘，即使是修拉，同样也是在这一古典主义的原则下，描绘了大碗岛的资产阶级风情。同样，建筑师们运用被粒子化的细腻的建筑，来描绘植物这种客体。然而，一旦对具体的对象进行描绘，修拉的画立即呈现为一种时代的错误，把植物作为主题则让新艺术短命地收场了。

［图五十四］

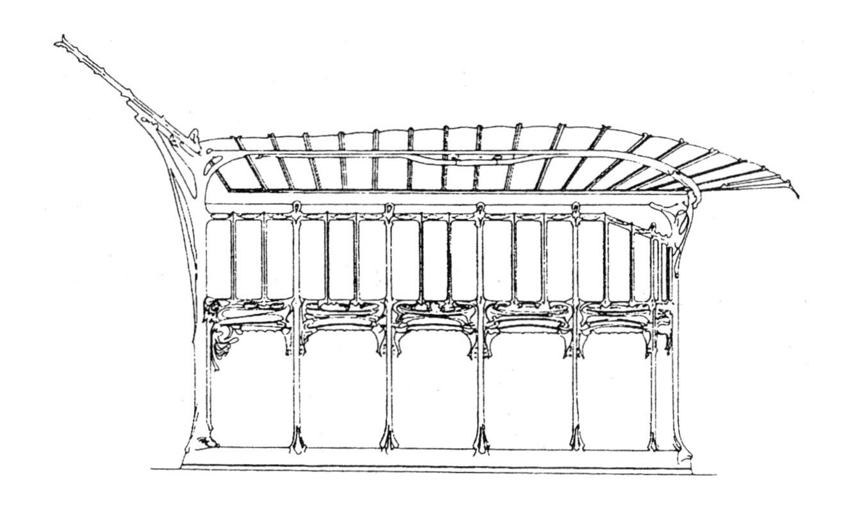

巴黎地铁站入口　赫克托·吉马德［Hector Guimard］设计　1899—1900 年

对描绘一个具体的对象，即具象性的反思，催生出另一次“粒子化”现象。新一次的粒子化被称为“工业化建筑”。然而“工业化建筑”实在是一个不可思议的名字。让人感到好像建筑本身并不算是工业。新艺术运动的粒子化是因为有了以铸铁技术为代表的新工业技术的支持才得以实现的。这一点被彻底忽视了。19 世纪末登场的混凝土建筑也好，新艺术也好，都不属于工业化的范畴，而建筑必须超前于这两者，于是作为建筑的一种新的存在方式——工业化建筑，得到了提倡。“工业化”这一说法，带有某种微妙的语感。那么，建筑的工业化，到底是怎么一回事呢？

19 世纪之前的欧洲建筑的技术基础是砖石砌块结构。所谓“砌块结构”，就是把石头及砖块一块块累砌起来，用水泥灰浆那样的液态物质来固定的建筑方法。用这个方法造出的建筑，一定会是一个笨重的块垒。与印象派之前的绘画因其滞重的平面为人厌弃相同，砌块结构也因其沉重而不讨人喜欢。总而言之，将这个块垒分解为粒子的技术叫就做工业化。因此，当时的尖端技术——现场浇筑混凝土建筑［在施工现场向内部布有钢筋的框架中浇注液体状混凝土的施工法］没能被称为工业化。与一块一块地堆砌石头相比，往框架中一气注入流体混凝土的技术，的确是大大工业化了的技术。工期缩短了，劳动力也削减了。但是，不把粒子［元素］进行分节的技术，不能称为工业化。

工业化，总的来说，就是粒子化。粒子这一概念，可以说，已被新艺术、工业化等词语替换了。此外粒子化也是科学化。设定若干单纯的要素，将一切还原为这些要素的方法 —— 要素还原法，正是自然科学的方法。将要素还原法切实地应用于现实的建筑施工，这就是工业化。

更进一步，作为对“工业化”这一用语的缺陷即模糊性的补偿，“干式”和“湿式”的概念登场了。像混凝土建造法那样，使用混合了水的素材，待其干燥工程才算完成的施工方法叫做“湿式”。湿式施工法中，粒子与粒子是凝结在一起的，辨认不出粒子颗粒。相反，不用水，将粒子分别直接组装起来的方法，称为“干式”。20 世纪初，在形势的认识上最有远见的建筑师沃尔特·格罗皮乌斯预感到干式施工法将会支配 20 世纪，就将其作为包豪斯建筑教育的支柱［他在 1919—1928 年任包豪斯的校长］。他英明地判断，就像从前要素还原法支配时代那样，干式施工法会成为统治整个时代的施工法。他热心地倡导用在工厂预制好的混凝土板在施工现场进行组装的施工法。粒子化是世纪之交的建筑师们最重要的课题。

然而，工业化这一粒子化进程也将遭受挫折。正如修拉的绘画给人以脆弱、模糊的感觉那样，粒子化的建筑也让人感到脆弱、模糊。20 世纪的交流体系，将粒子化的建筑淘汰了。那么，怎样的建筑才是强有力的，怎样的建筑在这一淘汰机制中巧妙地胜出了呢？不是别的，正是柯布西耶的强有力的建筑最终获得了胜利。

出人意料的是，他同样是从粒子出发的。1914 年，他发表的多

【图五十五】

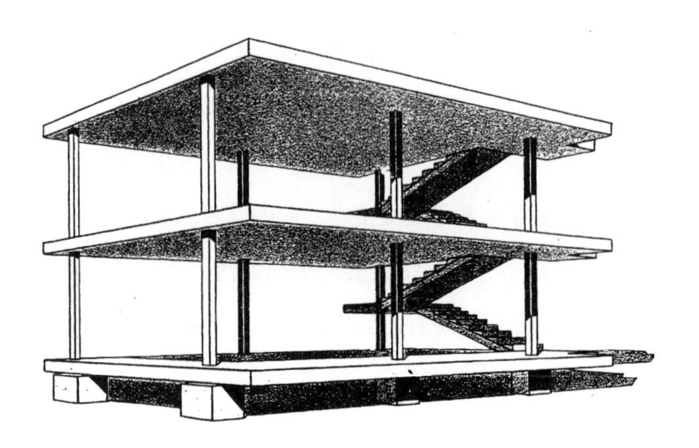

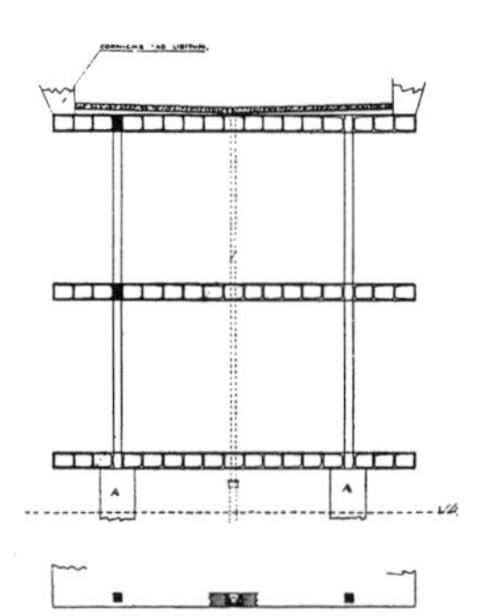

多米诺住宅　勒·柯布西耶设计　1914 年

米诺住宅不仅是他的成名作，也成了20世纪最著名的建筑设计图之一［图55］。其中提出的建筑，是工厂生产的地板和同样由工厂生产的钢梁构成的，纯粹的干式工业化住宅。干式［工业化］将席卷20世纪这个新的时代的“形势认识”，与格罗皮乌斯不谋而合。但是之后，柯布西耶却以令人惊讶的淡然姿态放弃了工业化这个主题。在言论的层面上，他始终不懈地谈论新时代的新技术的必要性。然而在实际操作上，他对干式施工法却没有显示出半点兴趣，而是一位将现场混凝土浇筑坚持到底的建筑师，也就是说，是一位“湿式”建造者。事实上，正因为这一“转向”，他才成功地当上了现代主义建筑运动的冠军。

柯布西耶运用现场浇筑混凝土的施工法，专心制造“科学性”形态，即纯几何学形态的建筑。因为当采用干式施工法，将预先制成的两块水泥板组装起来的时候，其连接部位会产生一条接缝。接缝是夹杂物，会破坏面的抽象性。而现场浇筑混凝土的做法则不会产生任何接缝，能够制造出一个抽象的、纯粹的几何学形态［图5］。要进一步得到形态的强度，混凝土这种物质发挥出的绝对的重量感和凝聚力是极为有效的。而且，混凝土并非一开始就沉重、坚硬而结实。混凝土先是像水那样柔韧地流动着，然后突然有力地凝结、固化。随着环境自由流动着的液态混凝土，突然与环境切断，凝固成不动、不变的固体。这一断然，甚至可称为神秘的转换，更进一步强调了混凝土的强大。混凝土建造的建筑实体的强度也就得到了进一步的突出。

柯布西耶就是一位理解了这一特质，并对其进行了彻底利用的建筑师。而且他也并非是从生产理论出发而着眼于混凝土的。他转型为造型体建筑家的契机，是绘画上的粒子向造型体的转换。从立体主义，向着至上主义、纯粹主义流动的绘画潮流，是从对粒子的放弃，流向几何学的造型体的过程。绘画领域对粒子的放弃，先行于建筑领域。因为绘画领域纯粹地依赖着交流体系的逻辑，于是粒子就很快被淘汰，造型体获得了胜利。而在建筑领域，交流体系的逻辑与生产体系的逻辑相互竞争，因此，粒子化勉强得以延续其生命。

在这一转换点上，柯布西耶就像一位进口商进行了巧妙的投机。他身为建筑师的同时，也作为一个画家与阿梅德·奥占芳［Amédée Ozenfant］一起倡导了纯粹主义绘画运动。他横跨两个领域进行表现活动，凭借在这两个领域之间的“贸易”确立了自己的名声。纯粹主义是凭借几何学的造型体来推动绘画的科学化的运动，在粒子向造型体转换的过程中发挥了重要的作用。柯布西耶将这一转换“进口”到了建筑领域。凭借这一进口活动的成功，他获得了现代主义建筑运动的领导权。这一“进口”行为带来的也是绘画的逻辑对建筑的逻辑的压制。也就是说，交流的逻辑对生产的逻辑的压制。柯布西耶必然早已预感到了交流的逻辑优先于生产的逻辑这条20世纪的法则。古典经济学曾试图通过生产过程的研究对经济进行说明，在这一尝试失败后，马克思将研究的焦点对准流通的过程，这成了20世纪经济学的支柱之一。与此相同，柯布西耶也将焦点对准了流通、交流，而不是生产的过程，以此来支配20世纪。他还以混凝土为主角，假装生产理论好像贯彻在了作品之中的样子。他横跨在两个领域和两个理论之间，不断巧妙地进行进出口活动，最终，将混凝土制的强力的造型体推上了20世纪建筑主角的宝座。

当然，并非仅仅因为柯布西耶的才智，一切才发生了改变。20世纪的交流体系原本就期待着造型体。最终，20世纪的建筑被置身于造型体的支配之下，在世纪之交进行的粒子化试验不得不完全退败下来。绝对的、单向的、威慑性的、脱离环境的造型体夺得了胜利。如果硬要再次恢复粒子，也就是将模糊而动摇不定的建筑复原的话，我们就不得不再度介入交流的部分，对建筑领域的交流体系，即建筑的接受形式，再度进行批判性研究。只要这个环节不发生转变，一切就会向着造型体一个方向倾斜过去。因为生产的理论也好，使用者的理论也好，一切都还是被交流体系的理论所压制的。

建筑与人的交流，即建筑的被接受，大体上存在着三个阶段。第一个阶段是现象论的接受，即具体的身体是怎样接受现实空间的。第二个阶段是微观媒体论的接受，即现实中的建筑以怎样的形式被转换在媒体上。比如，建筑是怎样被转换为二维的印刷媒体的；建筑是怎样被图纸化的，以怎样的角度、怎样的光线，被印在多大分辨率的相纸上。第三个阶段是宏观媒体论的接受，即已经转换在媒体上的建筑是怎样被传播的。有关建筑的书籍、杂志是以怎样的形式进行销售的；美术馆选择怎样的建筑，以怎样的标准来选择，针对怎样的观众，又冠以怎样的名称来展出。

对于接受而言，存在三个阶段并不是重点。这三个阶段的相互关联、互为反馈才是关键。建筑的形式会诱导出建筑向媒体转换的形式，进而诱导出其信息传播的形式。更值得关注的是，传播的形式会诱导向媒体转换的形式，并进一步回到源头，诱导建筑形式本身。这两个逆向的矢量，不断交替地在建筑的世界里摇摆。由两个矢量引起的振动本身，可以说是推动建筑历史的原动力。

从这一点来看，19 世纪之前的建筑就是照片的建筑。换句话，可以说是透视构图法的建筑。因为建筑被通过透视构图法描摹在媒介物上，传播出去，这是文艺复兴以来的基本做法，而照片就是这种方法的延长。透视法和照片都是舍弃了时间的媒介。也就是说，两者都是将建筑转换到二维，而且是数量有限的静止画面上。此外，对于这两种方法，距离都是必需的。对象与主体之间保持一定的距离，透视法才能不歪曲地将对象描摹下来。照片也一样，要避免镜头成像的歪曲，距离是必要的。

主体与对象隔开一段距离站立，对对象进行观察。由此获得数量有限的静止画面。这种媒体形式所要求的是有着明确而绝对的形态[轮廓］的建筑。在一定的距离外进行观察，是很难把握住对象的质感和细节的。而且要借有限的二维信息将整体传达出来，就要求对象具有绝对性——不受主体与对象之间的关系及周围环境的变化［比如光的强度和方向的变化］的影响的绝对性。相反，相对性的建筑，是指因为与主体的关系性，而呈现完全不同的形象的建筑。也就是拥有彩虹般的性质的建筑。对于相对性的建筑，仅凭有限的二次元信息，是很难获得整体印象的。数量有限的不同图像累积起来，只会使得印象扩散开去，不会归整为一个整体。

因此，粒子化的建筑，与照片性的建筑是完全对立的。不仅轮廓模糊，隔着一定距离观看时，还很难将粒子辨认出来。存在方式也是极其相对的，随着光的状态不同，它会呈现为透明的物体，也会呈现为不透明的块垒。完全无法将其归纳为一个整体。这样的建筑，是绝对不受照片及透视法欢迎的。照片或透视法期待的是有强度、不摇晃、确定而稳固的造型体，并持续地朝着这一方向诱导着建筑。

19 世纪前的建筑是照片式的，于此具有相同意义，20 世纪的建筑是“动画”［moving image］式的。20 世纪的建筑实际上是由“动画”来传播的。虽然传播建筑的是书籍及建筑杂志等的静止画面，但其形式上却是“动画”的。移动性已经被夹杂在了建筑规划之中。那么，所谓“动画性”的建筑，是怎样的建筑呢？

引领 20 世纪的视觉媒体是“动画”，是电影、电视。尽管如此，从 20 世纪的移动画面信息的成本、可接触性、操作性方面来看，并不存在促使建筑信息必须动画化的市场。移动画面的时代，用照片来传播信息。这就是 20 世纪建筑被赋予的最重要的传播条件。也就是说，填埋“动画”与“静画”之间的落差是 20 世纪建筑所背负的重大课题。这并不仅仅是建筑。20 世纪中，二维的静止画面依然是占统治地位的最普遍的传媒形式。移动画面的传播体系的先行与照片传媒的残存，这个落差里存在着这个时代的本质，是这个落差决定了这个时代的所有文化形式。

在建筑领域，对于这个落差给出了最巧妙解答的，又是柯布西耶。他所给出的解答是将建筑的动线可视化这一手法。他首先将楼梯、坡道等与其他的建筑部位分离开来，赋予了它们独立的形态。也就是把建筑内部的动线实体化。他进一步有意将这些造型以暴露的形态设置在空间的中心位置上［图 56］。

静止画面，是与时间的断裂，因此原理上说，是不可能表现出时间的。这就是照片性的东西最大的弱点。然而，在静止画面上，能够记录下楼梯、坡道等建筑的动线。动线，是主体用于移动的装置，移动是时间的函数，因此，只要记录下动线，就能在画面上对时间这一因素进行暗示。在照片性的媒介中，一切都必须被造型化。反过来说，只要进行造型化，就连时间也能被呼出、记述到照片上。柯布西耶发明了这一巧妙的方法。

他的建筑照片上记录下的动线实体，可以说相当于现在电脑画面上配置的 GUI［Graphical User Interface］。GUI 是在二维的静止画面上打

萨伏伊别墅　勒·柯布西耶设计　1931年
一层［左上］、螺旋台阶［右上］、二层［左下］、通往屋顶的斜坡［右下］

开的通向时间的窗口。只要点击这个窗口，主体就能自由移动到别的画面、别的时间。但是，在柯布希耶的建筑照片中，虽然动线对时间进行了暗示，但实际上，当然是无法进行点击的。柯布西耶的造型体，依然只是一种单向的媒介，无法与主体缔结相互作用的关系。在这个问题上，影像与电脑生成的网络空间存在着本质的差异。

柯布西耶不单单是导入了时间。柯布西耶的手法从很多意义上来说，是电影式的。在这里，不说“动画”，要说“电影”，当然是有原因的。所谓“动画”仅仅是影像运动起来的意思，而电影里则有把观看电影的主体连接到电影空间中去的各种各样的机关。后结构主义曾指出，这个原理就是视线的循环运动。其背后还有之前提到过的梅洛－庞蒂［Maurice Merleau-Ponty］对视觉性唯我论的批判，以及拉康的精神分析。拉康的学说认为，人只有在知道自身处于他人的观察之下时，主体才会确立。拉康十分重视这一过程，称之为“象征的同一化”。

仅仅靠登场人物的视线来构成影像，即在主人公的眼中装上摄影机记录下世界，这不能成为电影。这是后结构主义电影论的要点。这种影像无论怎么看，观看的主体都不会和影像中的空间连接，只会引起焦虑与不快感。产生不快感的最大原因是，主体无法确认自身的位置。可是，一旦出现另一个观看这个主体的视线，情况就会立刻改变。第二视线一出现，主体的位置就得到确定，我们就与电影中的环境连接起来了。仅仅存在任何一方的视线都是不够的。两个视线循环运动，使我们同环境连接起来，这样的摄影操作才使影像成为电影。

总之，对于照片性的媒介来说，连接的条件是造型体明确的轮廓。对于“动画性”的媒介来说，视线的循环运动才是连接的条件。

柯布西耶并不是电影创作者［实际上，他也拍电影。比如他和皮埃尔·谢纳尔于 1929 年共同执导了《今日建筑》］，他主要利用的媒介始终是照片。柯布希耶所做的是在照片中封入“另一个视线”。这样他就制作出了“动画性的照片”。那么怎样才能将视线封入，才可能制作出动画性的照片呢？他再次靠造型体做出了巧妙的解答。比阿特丽克斯·科洛米娜对柯布西耶的建筑照片进行了分析，指出他用拍摄家具、眼镜等小物件的办法，暗示人物、视线的存在［Beatriz Colomina，*Privacy and Publicity*，1994］。科洛米娜指出这些家具及随身物品全都暗示着非居住者的男性的存在，饶有兴趣地指出柯布西耶导入了侦探或者是窥视者的视线。参照图 56 中，放置在二层阳台上的家具，因为椅子是暗示人物的装置，所以在他看来是比桌子更重要的小道具。在这里，为了使我们视线的代入更容易，故意将椅子不自然地放在了远离桌子的地方。利用家具、眼镜等日常物体，柯布西耶将视线封入其中，制作出了“动画性”的照片。此外，动线也发挥了很大的作用。被实体化了的动线不仅暗示着时间，还暗示着视线。动线暗示着沿着某条路线移动的人物，也暗示着这个人物的视线。如果是这样，干脆把人拍进照片中不就行了吗？柯布西耶却没有拍摄人物。要是将活生生的人放进去，我们就无法把视线代入其中。正因为身体的缺席，代入才成为可能。[参照图56，如果仔细看，会发现小道具摆放的位置是极不自然的。家具被牵强地连接到了立柱上，而且在桌子上，放着帽子和衣服之类的物品。受到帽子和衣服的吸引，我们就被轻易地代入了其中] 在暗示第三者视线的同时，我们的视线的代入也成为可能。这两个方面都是十分重要的。这时，循环运动才会发生，观看照片的第三者就与被记录的空间连接起来，并没入其中。

柯布西耶将照片性的建筑转换成了“动画性”的建筑 [正确地说是电影性的建筑]。他不停地设计各种各样的造型体，不停地操作，让这种困难的转变成为可能。然而，在照片性的媒介的局限下，要实现这一转变，他仍旧不得不依靠造型体。那是时代的局限，也是不得不受其约束的柯布西耶的局限。因此，柯布西耶的建筑是厚重坚固的，拥有将人拉入其中的强大力量，却也有强迫性，令人厌烦。

怎样才能逃离这种约束、这种局限呢？要考虑这个问题就必须对主体及环境的关系进行重新整理。

首先，是主体与环境的割裂。这是一个十分重要的问题。当主体与环境的“无缝”、和平的连接丧失的时候，也就出现了一个“陌生环境”。主体被抛入“陌生环境”中的时候，为了消除割裂，媒体作为连接环境与主体的媒介登场。同样的动机还促成了建筑这种媒介的出现。建筑同样也是连接主体与环境的媒介。因此，属于同一个时代的媒体与建筑就不得不呈现为类似的形式。此外，建筑是在其所处时代的媒体上得到表现的。因为是同一环境的产物、同一割裂的产物，所以建筑与媒体共有同一形式。两者通过相互描摹，进行共振、增幅。其同一性就得到进一步的强化。

割裂发生后，主体与环境先以一个小点为媒介连接在一起。首先发生的是点与点的关系——在媒体上，透视法就与此相当。透视法是点与点的连接。观察主体是一个固定的点，对象也是从无限连接的环境中选取出的一个不动点。照片式的关系，是这一连接的延长。点与点，以另一个点——“快门”为媒介，被连接在一起。从无限延续的时间中，快门打开的瞬间，点被选中。从无限延续的感觉因素中，视觉这个“点”被选中。从一切意义上来说，照片就是“点”，仅通过一个针一般细小的点，一切被连接在一起。

点的媒体与点的建筑是平行的。通常，建筑是环境中的点[对象物]，独立而孤立，因此透视构图法才喜欢把建筑这种点作为对象。因为这时，透视构图法发挥了最大效果。照片也乐意把建筑当作对象。媒体与对象发生共振。点与点也发生共振。

线是点的扩张。线式建筑，是一连串体验的建筑，是内部空间的建筑。室内空间容易被认知为一连串的体验。建筑的外部容易被作为环境中的点加以认知，与此相对，建筑作为室内空间被认知的时候，则是作为线出现的。

同样，移动画面就是线。它是“点”媒体在空间上、时间上、感觉上的扩张。点通过运动，向着线性方向扩张，对象由点向线进行空间性的扩张，由点性的时间向线性的时间进行扩张，由仅限视觉的点媒体，向着同时包含听觉的线媒体扩张。通过这些扩张，主体被更深、更广地与环境接合在一起。

但是，“动画性”关系中含有一个致命的缺点。移动画面上的关系性，都是单向的。无论运动还是扩张都只属于摄影者。只有摄影者这个特权者的空间、时间及感觉才能扩张，只有他一个人是自由的。观者被限制在银幕前的固定位置上，除了单方面地接受一连串的时间线之外什么也不能做。对于观者，时间和空间上的一切介入都被禁止。这不是与环境的连接，而是环境中被封闭起来的一部分，以被冻结的形式，仅供人观赏。

同样，作为线性空间的室内空间，也是被约束的空间。只有建筑师这个特权者才了解所有房间的排列，对室内整体有着超越性的理解。只有电影导演、室内空间中的建筑师才能享受自由的运动，只有他们才能自由地对空间和时间进行操作。观者则只能被动地接受封闭的时间和空间。

自由，却只是单向性的自由。这里存在着移动画面的关系及室内空间关系的悖论。然而悖论并不是问题。真正的问题，是这个单向性被巧妙地隐蔽、忘却了。通过电影的摄影操作及室内空间的动线设计，这个单向性被隐藏了起来。

这些同时又是以往复运动为原则的。移动画面的摄影操作原则是，注视主人公的第三者视线与主人公自身的视线的循环运动；室内空间的动线设计原则是，放眼全体的特权性视线与被迫封闭于房间这个单元里的主人公的视线的循环运动。为了激发这一循环运动，古典主义建筑在其中心部设置了高大的挑空空间。在这里，主人公能够获得了解建筑整体的特权性视点，与建筑整体完美地连接在一起。可以说，柯布西耶设计出了这一装置的紧凑型现代版。这一装置利用内藏的紧凑型“动线体”[螺旋阶梯及坡道]和家具，使主体彻底地获得了整体性。柯布西耶的发明，使得在无论多么狭小的住宅中，主体和建筑整体的连接都成为可能。

接下来，因为影像与空间的这些装置的发明，使得观者能够在被约束的范围内部，对自己和特权主体进行同一化定位。结果，原本的接受者就产生了主体性地、自发性地介入时间与空间的错觉。实际上，主体与空间之间并不存在互动性的关系。尽管如此，还是让人产生一种错觉，认为事先预备好的轨道上的往复运动是具有互动性的。在电影上，这种错觉被称为移情。在室内，在视线贯通的中心动线空间里，观者会产生似乎了解、支配了空间的一切的错觉及陶醉。

并且，由于这个错觉，单向性被巧妙地隐藏起来。被隐藏的，不仅仅是单向性。人们还产生了一个错觉：特权性的存在[媒体]给予的一个被限定的时空就是环境的一切。作为观者的主体，会萌生出与环境整体深切地连接在一起的错觉。因而那片有限时空的封闭性就被隐藏了起来。支配 20 世纪的，就是这种错觉、这种隐蔽。

这种隐蔽的最成功的实例，就是主题公园这一空间形式。主题公园是典型的受限制的“圈地”。因为主题公园不仅是封闭起来的，还将封闭这一事实向园内的人隐蔽起来。因此在主题公园中看不见与外部的边界，也就是说看不见围墙。一旦看见围墙，游园者的美梦就会瞬间惊醒。对于主题公园，围墙虽是不可或缺的，却又必须是不可见的。为了成就这一魔法，一切视线都被导向内侧、导向中心。视线绝不能对准外侧围墙的方向。在中心部设置着特权性尺度和形状的视线贯通的空间［比如宽广的大道］，置身于这一处于中心的空间，主体陶醉于其特权性的地位，仿佛支配着环境，完全被连接入环境般地陶醉于错觉。主题公园，就是能生成这样的空间性错觉的最为洗练的科学装置，也就是“动画性”空间装置的完成形式。它是囊括了室外的巨大复合体，同时贯彻着一切“动画性”的、室内性的原理。因此，主题公园完全支配着 20 世纪这个时代，主题公园以外的所有 20 世纪的设施也都试图对这一空间原理进行模仿。

在各个领域，20 世纪都是“圈地”的时代。电影、主题公园、界限分明的盒子建筑。民族国家［nation-state］、国家经济、股份公司。全都是封闭的，而且在内部都无法察觉到其封闭性，因为视线被导向了内侧、导向了中心。那么，为什么 20 世纪会成为“圈地”的时代呢？

因为交流传播体系在这个发展阶段的中途滥造着“圈地”。交互的、“无缝”的交流如果能够实现，各个主体就会直接与环境的整体连接。在到达这一阶段前的中途会出现“圈地”。在限定的内部，交流是顺畅的，主体被吸引到“圈地”内，在“圈地”内，主体产生与环境整体连接的错觉。一旦“圈地”巨大化，这一体系就会自行崩溃。因为所有的“圈地”几乎都不可能独立，事实上也并不独立。“圈地”牺牲其外部，以外部作为支持。“圈地”的巨大化意味着外部的丧失，使得“圈地”不得不自然瓦解。其实环境问题，不过是“圈地”这一问题的别称而已。“圈地”要求其外部作出牺牲，这种牺牲表现为环境问题。“圈地”变得巨大化，“圈地”的问题就作为环境问题凸显出来。

我们的目的并不是要利用电影的循环运动将“圈地”的寿命延长。不是要延长“圈地”的寿命，而是要让其解体。为此，就要进行粒子化。

粒子化，并不是将“圈地”的边界透明化，也不是将其半透明化。从现实层面上说，既不是建筑的透明化，也不是半透明化。因为即便将表面的设计及性能改变，建筑的形式也不会改变。造型体还是造型体，“圈地”还是“圈地”。

就算表面进行了粒子化，也还是一样。表面的粒子化使建筑的外观相对化。也就是说，根据主体与客体的关系性，可能出现各种各样“相对的”外观。但是，即使表面在相互作用下产生变化，造型体这一形式也不会有丝毫改变。这里产生的相互作用，不过是事先准备好的轨道上进行的相互作用罢了。正如在电影事先准备好的轨道上，主体与环境的循环运动那样，那里的相互作用，也不会脱离事先铺好的轨道。

问题不在于作为表面性状的粒子化，而在于作为形式的粒子化是否可能。不在于事先铺好的轨道上的交互性 [interaction]，而在于是否可能用交互性的方式来铺设轨道本身。

否定造型体、否定“圈地”，作为取代它们的形式，能想到的就只有庭园了。因为庭园是比建筑要开放得多的形式。但是，尽管如此，庭园的建造者却常常想要把庭园封闭起来。想要在其内部构筑完结的、独立的世界。因为建造者这一存在本身是封闭的，坚持着“表现”这种单向的行为。这个时候，庭园也会“圈地”化，重蹈主题公园的覆辙。而且无论多么自由的庭园中，道路都是建造者计划好的——轨道是事先铺好的，作者仍然想要对人们发挥支配作用。

如果要寻求更为开放的空间，那只好舍弃庭园，走到荒野中去了。只要建造者这一存在本身不开放，荒野就不会出现。要对“表现”这一想法进行解体。不是自己去表现，而是要一心等人来，然后对来访者完全开放。这时没有边界，也没有通道的空间才会出现。表面上，仅仅是散乱的瓦砾和杂草，未被人加工过的一群粒子。可是一旦迈出一步，突然出现不计其数的场景和包含着无数关系性的网 [图 57]。这个状态，被称为网络社会，像一张没有等级的平面的网。没有边界，没有“圈地”，没有规则，也没有既定的路线。即便是这样，各个主体还是与世界确实地联系在了一起。从点［透视法、照片、建筑］到线［移动画面、室内空间、“圈地”］，再到网［网络、荒野］。只有建筑这一形式残存了下来，作为造型体［障碍］扰乱着网。

这不仅是建筑论，同时也是城市论。现代的城市规划试图以造型体及“圈地”的手段割裂城市，对城市进行统治。造型体与静止画面的阶段对应，“圈地”则与移动画面阶段对应。凭借造型体进行统治的典型，是将纪念碑式的造型体建筑置于视觉的焦点位置，以此来统治城市的巴洛克式城市规划。而另一方面，凭借“圈地”进行统治，则有主题公园，还有被称为分区规划［zoning］的20世纪的城市规划手法，它将城市划分为商业区、居住区等进行统治——这正是“圈地”的典型。

然而，造型体建筑、“圈地”都因城市的“高速化”失去了效力。首先，以移动为常态的主体的出现使巴洛克式的“静画”城市渐渐成为过去式，同时，人、物，以及信息的移动速度的上升，也使得“动画性”手法变得无效。分区规划这一“圈地”，无法应对现代的城市速度。俯瞰城市，完全是杂乱粒子的集合体，尽管如此，人和信息的高速度，却将这些杂乱的粒子巧妙地接合、分离。

应当有人写一篇应对这样的城市的《粒子的城市论》。每隔100米就有便利店的城市，已经预告了分解为粒子状的城市的出现。不由造型体建筑和“圈地”来统治，城市规划必须成为粒子的规划。不是为了“统治”而进行规划，而是为了诱发自由随机的人与粒子的运动而进行“粒子的城市规划”“城市的粒子化”。是不是任何粒子都适合于城市呢？恐怕粒子太小或太大都会生成造型体，对城市这一运动连锁造成干扰。粒子与城市里的各种速度对应，其大小与“硬度”必须是一定的。按德勒兹的说法，正如航船的速度激起的波涛像大理石壁般坚硬一样，所谓的绝对硬度是不存在的，硬度就是作用于物质的能动的压缩力的表现。这对粒子来说也是一样。粒子的黏性、硬度、密度是作用于粒子的能动性的速度及力量的表现。为了将城市保持为粒子的自由集合体，必须对应城市里多种速度和力量，将各个粒子的大小、黏性、硬度、密度等确定下来。

这样操作的结果，粒子离散了，荒野就出现了。踏入其中的主体，将充分地体验徘徊的感觉。只有通过徘徊这一自由而能动的行为，我们才能与荒野这一环境连接。徘徊，就是踩踏粒子、倾听粒子发出的声音。仅仅看着粒子，不会听到它的声音。用身体描摹粒子，才会有声音出现。粒子的间距，不是用视觉来辨认，而是要在时间轴中，用身体来进行扫描，这样，才会有声音出现。无论声音还是颜色，拥有振动频率的东西都是属于时间的，只有在时间中对物质进行描摹的时候，才会发音、出色。因此，想要设计出荒野，就必须像作曲家作曲那样来对空间进行设计。投身于时间之中，让荒野中的粒子发出声音来。

〔图五十七〕

伊势神宫的御白石

“石头美术馆”的主题，是石头的粒子化，是让石头发声。基地位于枥木县的那须町、芦野地区。古旧的沿街村落里有三栋开始腐朽的米仓，都是由一种产自当地的名为“芦野石”的石头建造的仓库。那是一种安山岩系的朴素的灰色石头。那些仓库建成于昭和初期，并非是建筑史上需要特笔记叙的建筑。可尽管如此，我觉得将这些仓库保存下来是有意义的。于是就提议：什么也不要破坏，一个一个地去添加。只做加法。一点点地不断加建。通过一点点的积累，对环境整体进重组［图 58］。

为此，我考虑不采用通常的建筑方式，而像加建篱笆那样来进行。不是像普通建筑那样封闭、完结的形式，而是像篱笆那样开放性、软弱的形式。我希望，因由这个好像仅仅是附加的篱笆一样的建筑，在原有的建筑实体［石仓库］之间能够产生多个层次，能够渐渐出现模糊而自由的荒野的场景。而且我希望，这个场景不仅具有空间上的开放性，同时对于行为也必须是开放的、模糊的。虽然暂时被冠上了美术馆的名称，但在这里，美术品与地方特产并列摆放着，建筑同时又是餐厅、地域的集会场所，以及孩子们的游戏场。人们的各种行为在这个设施中相互融合，不仅如此，还融入、散逸到设施前面的古老街道中去。

有没有与这样的篱笆相称的做法呢？对于传统建筑的加建常常是用玻璃来进行的。然而玻璃的透明特性，通常会与原有的石仓库形成对比，使石仓库这种造型体强烈地凸显出来。即便与原有的石仓库一样，用芦野石来做墙面，最终还是得不到那种脆弱而模糊的感觉。要

［图五十八］

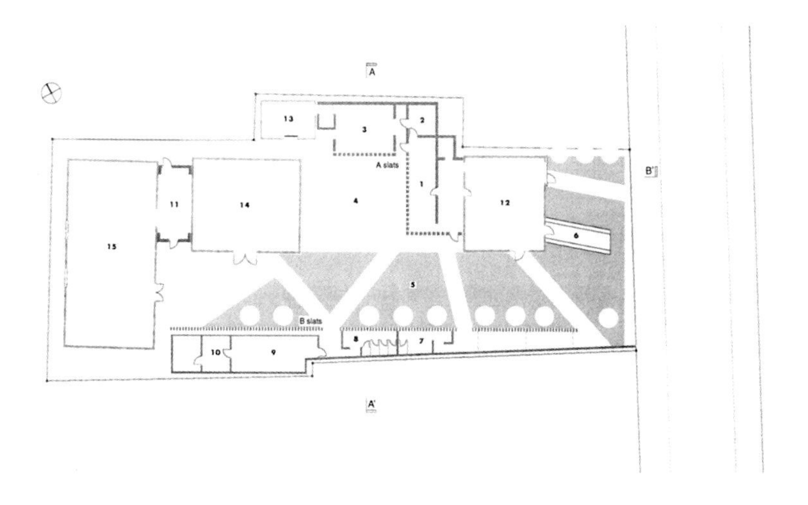

石头美术馆　隈研吾建筑都市设计事务所设计　2000 年

总平面图，图中实线为原有的石库墙，点线为增建的墙。

使用同样的芦野石，同时还要将石头粒子化。要做出石头的粒子、石头的篱笆。像这样让原有的造型体［石仓库］的轮廓变得模糊，制造出实体建筑向周围空气融散开去的状态。这就是我们的目的。

石头的粒子化，绝对不是一项简单的工作。石头是极为沉重、脆而易损的材料。因此，石头的传统施工方法，是先把它们处理成块状，然后一块一块堆积起来，也就是砌块结构。这种方法得到的是厚重的墙壁。砌块结构一直深藏于西洋古典建筑的根基之中，是其支柱性的技术，也是造型体建筑的核心技术。正因为这样，我想要挑战砌块结构，从这一技术性的核心开始对建筑造型进行解体。

怎样才能远离沉重的墙壁，瓦解砌块结构呢？首先我作了极为朴素的尝试。从砌块结构上把石头一块一块取下来。不可思议的是，仅仅取下了几块石头，墙给人的印象忽然间就弱化了许多。本应板结一块的墙体，以将要成为粒子集合体的形式为人所认知。本应沉重的石墙，几个孔洞的出现就让它突然间轻快地漂浮起来。这时，质量与形态之间就发生了开裂，产生了振动。这是存在与表象之间的振动，本应沉重的本质与眼前的轻盈体态的振动，本应不透明的属性与现实的透明性的振动。物质的相对化就是像这样具有两义性的状态。这个时候，物质在振动，仿佛有声音发出。运用不同的抽取石头的方法，即穿孔的方法，能够制造出各种各样的音色。这时，设计工作几乎接近于作曲了［图 59］。

我们进一步探索，试图将石头转换为更为轻质而稀薄的物质。最后找到了把石材切成木格子般的薄片的方法。40mm×150mm 的剖面形状是石材强度的极限。我们将切成这一尺寸的石板一块一块地安装在刻有 40mm 宽沟槽的石柱上。这种做法大大脱离了石材施工的常规［图 60］。间距 80mm，石材厚 40mm，石材的间隔也是 40mm，物质与空隙以同样的尺寸反复出现。这样做，是要让物质与空隙这两种状态振动起来。物质与空隙、实与虚、不透明与透明。这种种的二项对立将开始振动。主体与这模糊的墙壁之间的角度、距离、光的顺逆，这些都作为参数，开始振动了。客体，并非与主体毫无关系地振动，是身体与客体发起了共振。

石头的粒子化是有难度的。石头的本质是凝聚力，是趋向稳固的力量。要将石头从这种力量中解放出来，将其粒子化，这是很困难的。从这个意义上说，与石头处于两个极端的素材是竹子。竹原本就是以粒子形态存在的。石头的粒子化不容易，相反，捆束竹子，让其凝聚起来很困难。不仅仅因为其呈圆形的剖面使其不易被捆束，其过于光润的表面也强烈地抗拒着凝聚，其内部形成的空洞，也是拒绝凝聚的。因此，在需要凝聚力的形式，即建筑这种物质的存在形式里，竹的使用是很困难的。竹，一直以来专门用于篱笆这样无需凝聚力的松散的形式。而木这种素材，介于石与竹之间。既便于粒子化，又易于凝聚。因此无论在东西方，木材一直都作为一种广受欢迎的建筑材料被使用至今。

西洋建筑的中心，是石头的凝聚力。利用石头的凝聚力，建造具有强大凝聚力的造型体，这一指向性，一直在西洋建筑的根底流淌。其目的是利用造型体的凝聚力，将该造型体所象征的组织及共同体表现得更为强大，凝聚得更为牢固。现代主义本应是作为这种西洋建筑传统的反命题而兴起的，本该是将造型体拆散为粒子的运动。然而最终，混凝土的凝聚力成了现代主义的象征，粒子败退了。当时，最巧妙地运用了混凝土的柯布西耶，成了现代主义的英雄。

柯布西耶凭借萨伏伊别墅获得决定性成功后，“战败者”陶特被放逐，逃到日本［1933年］。陶特在抵日的第二天访问了桂离宫，站在竹篱面前，一时茫然了。在观看庭园与建筑之前，一片竹篱已然将陶特击溃。陶特这样回想站立在竹篱前的自己：“我唯有默然而立而已。要我说，这不就是真正的现代吗？”［布鲁诺·陶特，《日本美的再发现》，筱田英雄译，岩波书店，1939］

陶特在竹子中看到“现代”，在其粒子性中看到现代，看到了在欧洲已逐渐丧失的、他一直在寻求的“现代”。他开始发狂般地使用竹子。竹子绝不是一种好对付的建筑素材。同时，把陶特邀请来的那些日本人，对于“世界级的建筑大师”陶特向日本趣味谄媚般地使用竹子大感困惑。尽管如此，陶特依然继续在家具上、在建筑中使用竹子。在日向邸中也固执地使用竹子。大敞间的墙壁是用由垂直挺立的细竹子做的，社交室的顶棚上差不多两三百个小灯泡，一个个拴在竹链上，然后捆束在粗大的竹竿上。仅仅三年的时间里，他几乎将竹子的可能性挖掘殆尽。如此的专注，是他的欧洲时代中所见不到的。最终他将“现代”的本质参透。在竹子的粒子性中，找到了“现代”的本质。

粒子化就是凝聚的反转。莱布尼茨曾经在哲学上进行过这样的反转。笛卡尔虽然把物质［对象物］与精神进行了分节，却借此将物质定义为与精神分离的独立存在的绝对性的块垒［凝聚］。他让天使和恶魔都无法钻进这块垒之中，切断了中世纪式的思考方式。笛卡尔对生成的造型体进行了批判，而莱布尼茨提出了“单子”［monad］这种粒子。值得注意的是，这种粒子不能定义为物质也不能定义为精神。莱布尼茨认为物质与精神的划分本身就是一种谬误，对于因这种划分造成的我们与物质的隔离进行了批判。我们着眼寻求着的粒子，同样是物质，同时也必须是精神。

莱布尼茨认为所有的经验都是由无数细微粒子的不稳定的结合、振动、交错生成的。世界与无数的可能性相连，必须向它们永远地敞开，粒子必须持续地等待下去。所有企图在那里捏造稳定、固定的凝聚与统合的尝试，都受到了莱布尼茨的批判。莱布尼茨的“单子里没有窗户”，就是从这个意义上来讲的。

必须继续否定窗户。这不外乎就是说，必须无限持续地回避造型体这种稳定、合并及凝聚的状态。只有这样，世界才能连接在一起。

［图五十九］

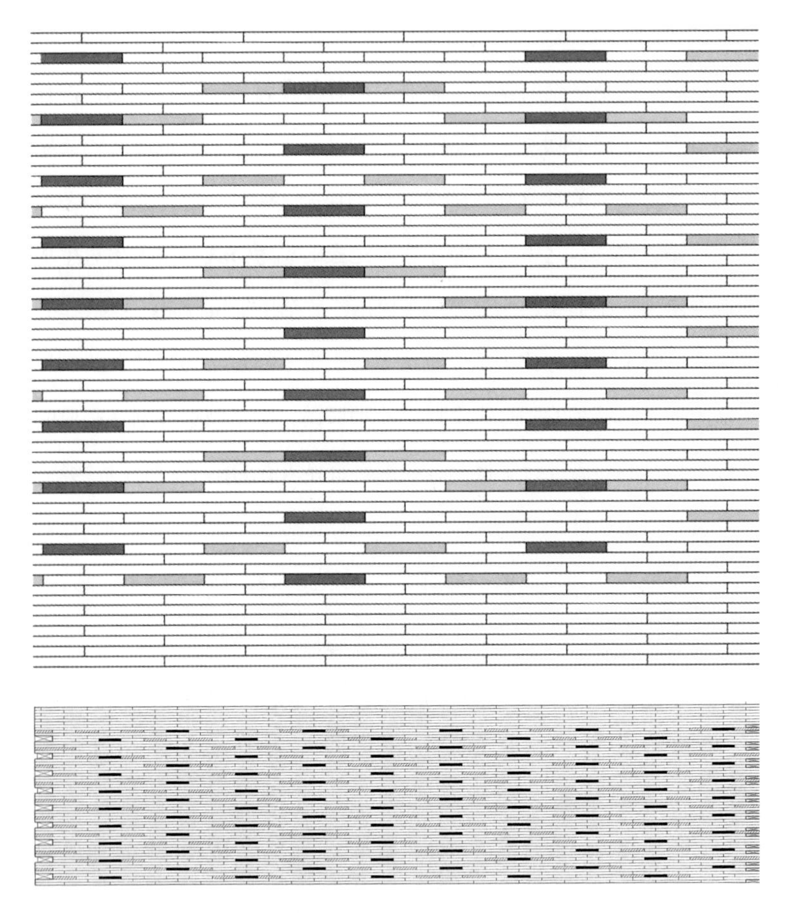

石头美术馆　2000 年　砌体结构部分的立面图

有意让洞口呈现出粒子状，仿佛是乐谱上的美丽音符。

[图六十]

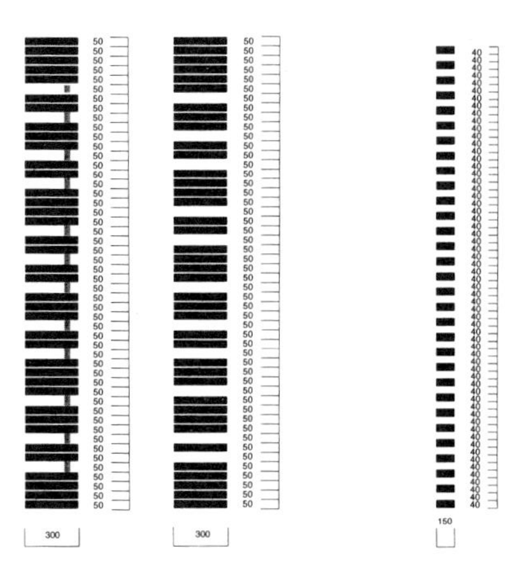

石头美术馆　2000 年

石材百叶部分的剖面详图［上］、细节［下］

聽松文庫
tingsong LAB

出　　品 ｜ 听松文库
出版统筹 ｜ 朱锷
封面设计 ｜ 小矶裕司
设计制作 ｜ 汪阁
翻　　译 ｜ 朱锷　蔡萍萱
校　　译 ｜ 陆宇星
法律顾问 ｜ 许仙辉［北京市京锐律师事务所］

图书在版编目(CIP)数据
撕碎建筑的硬壳 ／（日）隈研吾著 ；朱锷，蔡萍萱译．
—桂林：广西师范大学出版社，2019.2
ISBN 978-7-5598-1580-4

Ⅰ．①撕… Ⅱ．①隈… ②朱… ③蔡… Ⅲ．①建筑设计－研究－日本－现代 Ⅳ．①TU2

中国版本图书馆CIP数据核字(2019)第013682号

责任编辑 ｜ 马步匀

广西师范大学出版社出版发行
　广西桂林市五里店路9号　邮政编码：541004
　网址：www.bbtpress.com
出版人：张艺兵
全国新华书店经销
发行热线：010-64284815
北京图文天地制版印刷有限公司印装

开　本　1230mm × 880mm　1/32
印　张　8.75
字　数　149千字
版　次　2019年2月第1版
印　次　2019年2月第1次
定　价　65.00元

ANTI OBJECT [反オブジェクト]
by KENGO KUMA

This Chinese (simplified character) language edition published in 2019
by the GUANGXI NORMAL UNIVERSITY PRESS, China

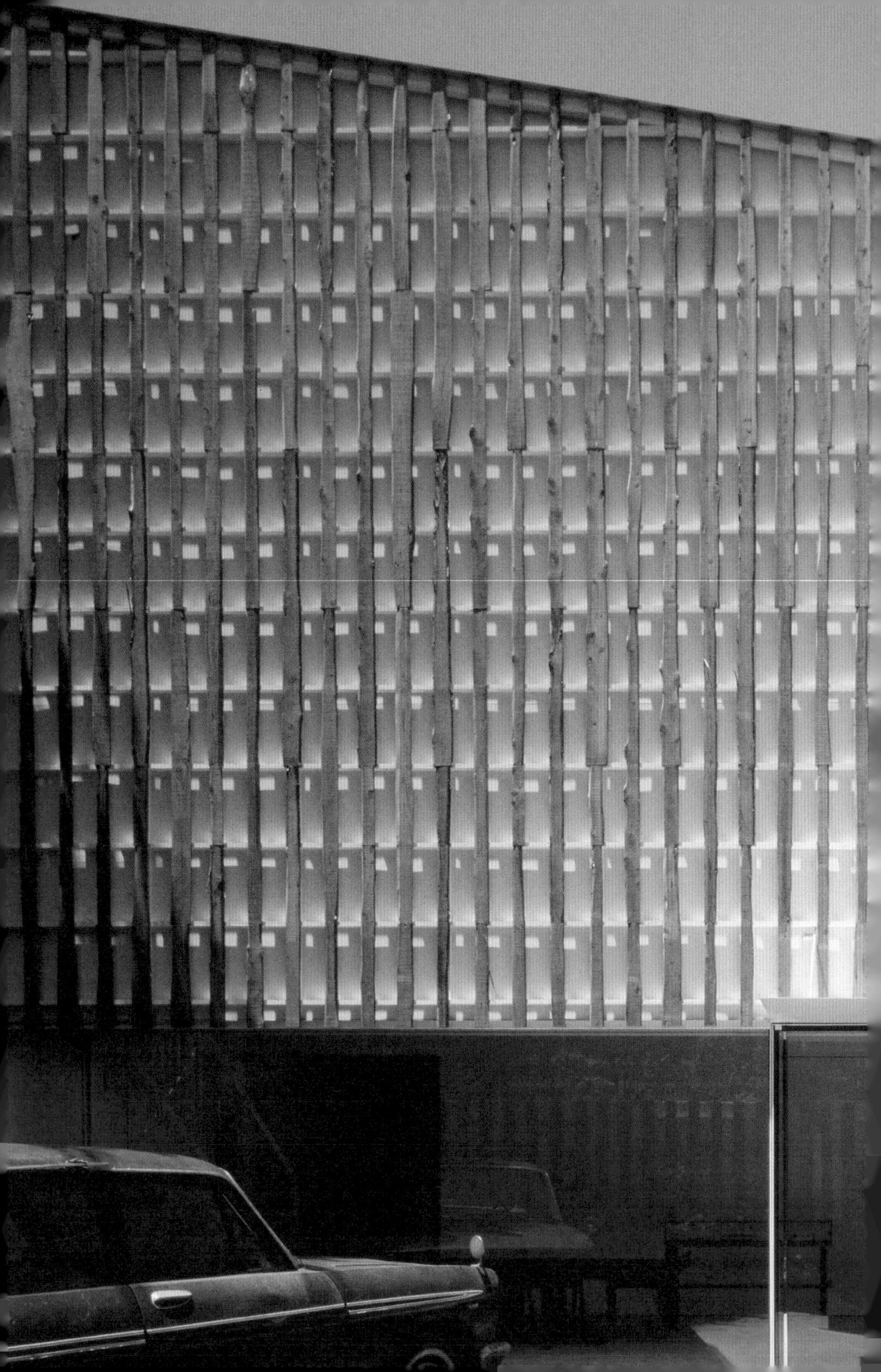

19209